AutoCAD 使用攻略

◎张 敏 编著

长江出版传媒　湖北科学技术出版社

图书在版编目(CIP)数据

AutoCAD使用攻略/张敏编著.—武汉：湖北科学技术出版社，2015.4
ISBN 978-7-5352-7654-4

Ⅰ.①A… Ⅱ.①张… Ⅲ.①AutoCAD软件-基本知识 Ⅳ.①TP391.72

中国版本图书馆CIP数据核字(2015)第066635号

责任编辑：高诚毅	封面设计：喻杨
出版发行：湖北科学技术出版社	电话：027-87679468
地　　址：武汉市雄楚大街268号	邮编：430070
（湖北出版文化城B座13—14层）	
网　　址：http://www.hbstp.com.cn	
印　　刷：虎彩印艺股份有限公司	邮编：523000
787×1092　1/16	11.25印张　120千字
2015年4月第1版	2015年4月第1次印刷
	定价：28.00元

本书如有印装质量问题 可找本社市场部更换

序

　　AutoCAD 是美国 Autodesk 公司于 20 世纪 80 年代初开发的绘图程序软件包,其具有易于掌握、使用方便、体系结构开放的特点,被广泛地应用于工程设计的各个领域,现已成为全世界工程界普遍使用的二维设计绘图软件。

　　1997 年前国家教育委员会下文,要求在高校工科的各专业开设 AutoCAD 课程以来,各高校已在工科专业陆续地开设了此课程。笔者从 1997 年接触视窗版本 AutoCAD R14 至今已有 17 年,本书是以笔者五年的"非标"设备设计的工作经验、15 年讲授 AutoCAD 课程的讲稿及辅导学生上机练习时所发现的问题归纳整理而成,由于水平有限或认知的偏颇,不妥及错误之处敬请同行指正。

　　撰写本书的指导思想是:

　　正确、快速使用 AutoCAD 绘制二维工程图样,而不是 AutoCAD 某一版本所具备功能的全方位介绍。以试图解决目前:

　　(1) 教学中存在的教材与教学软件版本、教学软件版本与企业或设计部门所用软件版本不同的问题。

　　(2) 现行教材中,重介绍各选项的功能,轻实际绘图中如何使用的倾向。

　　本书内容分为上下篇,上篇讲述 AutoCAD 的二维绘制功能及使用,侧重点有三:一是工程绘图前的相关设置,包括绘图环境设置、文字样式设置、尺寸样式设置,还有表格样式设置、多重引线设置、多线样式设置等;二是绘图辅助工具的掌握与使用,特别是追踪功能在绘制图形及三视图中的应用;三是在执行绘图命令及编辑命令时的注意点及绘图技巧的掌握。下篇讲述 AutoCAD 的用户化,包含的内容有:块的创建与使用,创建样板图、工具栏、菜单栏及定制工具选项板、线型。熟练掌握必要的 AutoCAD 用户化技能,将有效地提高工程技术人员绘制本专业工程图样时的效率。

　　学习目标及要求:

　　用 AutoCAD 正确、快速地绘出符合国家及行业标准的工程图形。正确是指:按国家或行业标准进行绘图前的相关设置和绘图。快速是指:熟练地掌握绘图辅助工具、绘图及编辑命令的使用技巧并能综合应用于绘图中,还需熟练掌握必要的用户化知识和技能。

　　学习的重点及难点:

　　重点——绘图前的相关设置及必要的用户化;难点——熟练掌握绘图辅助工具,熟练掌握绘图命令及编辑命令的技巧,并在绘制工程图样过程中,综合加以灵活运用。AutoCAD 绘图与手工绘图略有不同:同一图形可能有许多种不同的绘图输入方式,不同的绘图辅助方式,不同的绘图命令或编辑命令绘出。有的方式简洁,有的方式繁琐。因此,熟练掌握绘图辅助工具,熟练掌握绘图技巧并加以综合灵活运用是提高工程绘图效率的重要手段之一。

本书具备以下特点：

(1) 按用 AutoCAD 绘制二维工程图形的顺序和所需的知识及技能去组织内容和安排讲授章节的顺序，涉及到设置或绘图的章节，在章节前，会介绍相关的国家或行业标准内容，每章后均安排复习问答题及与所学内容相吻合的习题。

(2) 从使用 AutoCAD 的角度去讲述相关命令，而非从介绍 AutoCAD 某一具体版本的角度去介绍命令所有选项的功能，讲授的重点是遵循国家或行业标准去进行绘图前的相关设置、命令在工程图绘制中的用途、使用技巧及注意点，而非全面介绍某一具体版本 AutoCAD 命令的所有选项。对于同一命令在不同 AutoCAD 版本存在的不同操作，会予以介绍，比如说：在不同版本的 AutoCAD 中，结束样条曲线的绘制操作会有所不同。

(3) 重点讲授绘图辅助工具在绘制图形中的应用，特别是追踪在绘图中的应用；在绘制三视图时，熟练地掌握追踪绘图技巧，可抛弃现有书籍介绍的创建构造线或射线辅助图层来实现"长对正、高平齐、宽相等"的绘图方式。对重点及难点的学习内容，常以实例操作过程的方式，阐述其操作。

(4) 将较易于操作的定制及创建内容，集中归类于下篇"用户化"。切记：掌握必要的用户化操作，是提高绘图效率的捷径。

(5) 为与实际工程绘图对接，最后一章的内容安排了"工程绘图实例与练习"。

(6) 在工程界，新、老标准的交替执行有较长的过渡期，为方便读者在工程实际中读图、绘图，本书在倒角标注、粗糙度（表面结构符号）标注上，新、老标注方式兼而有之。

说明：

(1) 书中的截图源于 AutoCAD2014 版本，不同版本的 AutoCAD 可能有所差异。

(2) 为叙述简洁方便，有时在叙述中以"/"符号分隔操作顺序或步骤。

(3) 在执行命令的过程中，可设置鼠标右击的作用相当于按 ENTER 键，故按 ENTER 键、右击鼠标的操作，统称为"回车"。

张　敏
2015 年 1 月于荆楚理工学院

目　　录

上篇　二维绘图

第1章　AutoCAD基础 (1)
　1.1　启动 AutoCAD (1)
　1.2　AutoCAD 经典常用的工作界面 (1)
　1.3　绘图输入方式 (3)
　　1.3.1　直角坐标输入 (3)
　　1.3.2　极坐标输入 (3)
　　1.3.3　直接距离(数值)输入 (4)
　　1.3.4　动态显示输入 (4)
　1.4　画直线段 (5)
　　1.4.1　AutoCAD 发出命令的方式 (5)
　　1.4.2　命令栏中命令格式的含义 (5)
　　1.4.3　画直线段 (6)
　1.5　常用操作 (7)
　　1.5.1　新建图形文件 (7)
　　1.5.2　在当前屏幕窗口显示使已打开的图形文件 (7)
　　1.5.3　删除命令和取消命令操作 (7)
　1.6　系统变量 (7)
　1.7　复习问答题 (7)
　1.8　练习题 (8)

第2章　设置绘图环境 (10)
　2.1　绘图单位及图形界限设置 (13)
　　2.1.1　设置绘图单位及精度 (13)
　　2.1.2　设置图形界限 (14)
　2.2　创建图层及设置线型 (14)
　　2.2.1　创建图层 (14)
　　2.2.2　设置线型、线宽及颜色 (15)
　　2.2.3　图层的使用与管理 (17)
　2.3　其他设置 (18)
　　2.3.1　绘图区域背景色及十字光标大小的设置 (18)

  2.3.2 鼠标右键功能设置 …………………………………………(19)
 2.4 复习问答题 ……………………………………………………(19)
 2.5 练习题 …………………………………………………………(20)
第3章 绘制二维图形 …………………………………………………(21)
 3.1 射线及构造线 …………………………………………………(21)
 3.2 绘制矩形 ………………………………………………………(22)
 3.3 绘制正多边形 …………………………………………………(22)
 3.4 绘制圆 …………………………………………………………(23)
 3.5 绘制圆弧 ………………………………………………………(24)
 3.6 绘制曲线 ………………………………………………………(25)
 3.7 绘制圆环 ………………………………………………………(26)
 3.8 绘制椭圆及椭圆弧 ……………………………………………(26)
 3.9 点的绘制及图形对象等分 ……………………………………(27)
  3.9.1 绘制点 …………………………………………………(27)
  3.9.2 图形对象等分 …………………………………………(28)
 3.10 图形及屏幕显示控制 ………………………………………(28)
  3.10.1 窗口缩放 ………………………………………………(28)
  3.10.2 范围缩放 ………………………………………………(29)
  3.10.3 实时缩放 ………………………………………………(29)
  3.10.4 实时平移 ………………………………………………(29)
  3.10.5 圆及圆弧显示精度控制 ………………………………(29)
  3.10.6 线宽显示及控制 ………………………………………(29)
  3.10.7 屏幕显示控制 …………………………………………(30)
 3.11 复习问答题 …………………………………………………(30)
 3.12 练习题 ………………………………………………………(31)
第4章 巧用绘图辅助工具 ……………………………………………(33)
 4.1 栅格与捕捉 ……………………………………………………(33)
 4.2 对象捕捉 ………………………………………………………(33)
  4.2.1 对象捕捉工具栏捕捉 …………………………………(33)
  4.2.2 自动对象捕捉 …………………………………………(35)
 4.3 已知一点定位另一点 …………………………………………(36)
  4.3.1 捕捉自命令 ……………………………………………(36)
  4.3.2 定位点命令 ……………………………………………(36)
 4.4 追踪的功能及用途 ……………………………………………(37)
  4.4.1 极轴追踪 ………………………………………………(37)
  4.4.2 临时追踪 ………………………………………………(39)
  4.4.3 自动对象捕捉追踪 ……………………………………(40)
 4.5 查询 ……………………………………………………………(41)
  4.5.1 距离查询 ………………………………………………(42)

4.5.2　面积查询 …………………………………………………………… (42)
　　4.5.3　列表查询 …………………………………………………………… (43)
4.6　图形重画、重生成 ………………………………………………………… (43)
4.7　复习问答题 ………………………………………………………………… (43)
4.8　练习题 ……………………………………………………………………… (44)

第5章　图形对象编辑 ……………………………………………………………… (46)
5.1　选择图形对象 ……………………………………………………………… (46)
5.2　编辑图形对象 ……………………………………………………………… (47)
　　5.2.1　删除对象 …………………………………………………………… (47)
　　5.2.2　放弃和重做命令 …………………………………………………… (47)
　　5.2.3　移动及复制对象 …………………………………………………… (48)
　　5.2.4　旋转及缩放对象 …………………………………………………… (49)
　　5.2.5　倒圆角及倒角 ……………………………………………………… (51)
　　5.2.6　修剪及延伸对象 …………………………………………………… (52)
　　5.2.7　拉伸及拉长对象 …………………………………………………… (53)
　　5.2.8　偏移对象 …………………………………………………………… (55)
　　5.2.9　镜像对象 …………………………………………………………… (56)
　　5.2.10　阵列对象 ………………………………………………………… (56)
　　5.2.11　打断对象 ………………………………………………………… (59)
　　5.2.12　分解对象 ………………………………………………………… (60)
5.3　夹点编辑对象 ……………………………………………………………… (60)
　　5.3.1　夹点及设置 ………………………………………………………… (60)
　　5.3.2　夹点编辑 …………………………………………………………… (61)
5.4　修改对象特性 ……………………………………………………………… (61)
　　5.4.1　用特性工具栏修改 ………………………………………………… (62)
　　5.4.2　用特性图标及特性匹配图标修改 ………………………………… (62)
　　5.4.3　用图层工具栏修改 ………………………………………………… (62)
5.5　复习问答题 ………………………………………………………………… (62)
5.6　练习题 ……………………………………………………………………… (63)

第6章　绘制及编辑图形对象 ……………………………………………………… (66)
6.1　绘制及编辑剖面线 ………………………………………………………… (66)
　　6.1.1　绘制剖面线 ………………………………………………………… (66)
　　6.1.2　编辑剖面线 ………………………………………………………… (68)
6.2　绘制及编辑多段线 ………………………………………………………… (69)
　　6.2.1　绘制直线和圆弧组成的图形 ……………………………………… (70)
　　6.2.2　绘制箭头 …………………………………………………………… (71)
　　6.2.3　用PEDIT命令将多个图形对象转化为一个对象 ……………… (71)
6.3　绘制及编辑多线 …………………………………………………………… (72)
　　6.3.1　设置多线样式 ……………………………………………………… (72)

6.3.2　绘制多线 …………………………………………………… (74)
　　6.3.3　编辑多线 …………………………………………………… (75)
　6.4　复习问答题 ……………………………………………………………… (77)
　6.5　练习题 …………………………………………………………………… (77)
第7章　文字标注与表格的使用 …………………………………………………… (79)
　7.1　AutoCAD可使用的文字 ………………………………………………… (79)
　　7.1.1　使用的文字类型 ……………………………………………… (79)
　　7.1.2　产生乱码的原因 ……………………………………………… (79)
　7.2　设置文字样式 …………………………………………………………… (79)
　　7.2.1　设置注写汉字的文字样式 …………………………………… (81)
　　7.2.2　设置标注尺寸的文字样式 …………………………………… (81)
　　7.2.3　注释性文字样式 ……………………………………………… (82)
　7.3　标注文字 ………………………………………………………………… (82)
　　7.3.1　单行文字标注 ………………………………………………… (83)
　　7.3.2　多行文字标注 ………………………………………………… (84)
　　7.3.3　特殊符号标注 ………………………………………………… (84)
　7.4　编辑文字 ………………………………………………………………… (86)
　7.5　表格的使用 ……………………………………………………………… (86)
　　7.5.1　设置表格样式 ………………………………………………… (86)
　　7.5.2　绘制表格 ……………………………………………………… (88)
　　7.5.3　编辑表格 ……………………………………………………… (89)
　7.6　复习问答题 ……………………………………………………………… (90)
　7.7　练习题 …………………………………………………………………… (90)
第8章　尺寸标注 …………………………………………………………………… (92)
　8.1　建立尺寸标注环境 ……………………………………………………… (92)
　8.2　设置尺寸标注样式 ……………………………………………………… (94)
　　8.2.1　设置主尺寸标注样式 ………………………………………… (95)
　　8.2.2　设置子尺寸 …………………………………………………… (99)
　　8.2.3　设置尺寸公差及线性直径标注样式 ………………………… (100)
　8.3　尺寸标注样式的使用与删除 …………………………………………… (102)
　8.4　标注尺寸 ………………………………………………………………… (102)
　　8.4.1　线性标注 ……………………………………………………… (102)
　　8.4.2　对齐标注 ……………………………………………………… (104)
　　8.4.3　角度标注 ……………………………………………………… (104)
　　8.4.4　直径标注 ……………………………………………………… (105)
　　8.4.5　半径及半径折弯标注 ………………………………………… (105)
　　8.4.6　弧长标注及圆心标记 ………………………………………… (106)
　　8.4.7　基线标注及连续标注 ………………………………………… (106)
　　8.4.8　快速标注 ……………………………………………………… (107)

8.4.9　折断标注及折弯线性标注 …………………………………………… (108)
　8.5　多重引线与倒角标注 ……………………………………………………… (108)
　　8.5.1　设置多重引线样式 …………………………………………………… (108)
　　8.5.2　倒角标注 ……………………………………………………………… (111)
　8.6　尺寸公差与形位公差标注 ………………………………………………… (111)
　　8.6.1　尺寸公差标注 ………………………………………………………… (111)
　　8.6.2　形位公差标注 ………………………………………………………… (111)
　8.7　编辑尺寸 …………………………………………………………………… (112)
　　8.7.1　修改尺寸数字 ………………………………………………………… (112)
　　8.7.2　改变尺寸线及尺寸数字位置 ………………………………………… (113)
　　8.7.3　尺寸界线倾斜 ………………………………………………………… (113)
　8.8　复习问答题 ………………………………………………………………… (113)
　8.9　练习题 ……………………………………………………………………… (114)
第 9 章　图形打印及常用操作 ……………………………………………………… (116)
　9.1　图形打印 …………………………………………………………………… (116)
　　9.1.2　打印方式 ……………………………………………………………… (116)
　　9.1.2　设置及操作步骤 ……………………………………………………… (116)
　9.2　常用操作 …………………………………………………………………… (120)
　　9.2.1　将图形打印到任意大小图纸上 ……………………………………… (120)
　　9.2.2　图形文件加密 ………………………………………………………… (120)
　　9.2.3　在 Word 文档中插入 AutoCAD 图形 ……………………………… (121)
　　9.2.4　使用 AutoCAD 设计中心 …………………………………………… (123)
　　9.2.5　使用帮助 ……………………………………………………………… (123)
　9.3　复习问答题 ………………………………………………………………… (124)
　9.4　练习题 ……………………………………………………………………… (124)

下篇　用户化

第 10 章　块 ………………………………………………………………………… (126)
　10.1　块的定义及分类 …………………………………………………………… (126)
　　10.1.1　块定义 ………………………………………………………………… (126)
　　10.1.2　块的分类 ……………………………………………………………… (126)
　10.2　创建块 ……………………………………………………………………… (127)
　　10.2.1　创建内部块 …………………………………………………………… (127)
　　10.2.2　创建外部块 …………………………………………………………… (128)
　10.3　块的属性 …………………………………………………………………… (129)
　　10.3.1　块属性定义 …………………………………………………………… (129)
　　10.3.2　创建块的属性 ………………………………………………………… (129)

10.4 实例 ………………………………………………………………… (130)
10.5 块的使用 …………………………………………………………… (131)
　10.5.1 使用"插入块"命令 …………………………………………… (131)
　10.5.2 使用设计中心插入块 ………………………………………… (132)
10.6 块及属性编辑 ……………………………………………………… (132)
　10.6.1 块图形编辑 …………………………………………………… (132)
　10.6.2 块属性编辑 …………………………………………………… (134)
　10.6.3 块的删除 ……………………………………………………… (135)
10.7 动态块 ……………………………………………………………… (136)
　10.7.1 创建动态块 …………………………………………………… (136)
　10.7.2 动态块的使用 ………………………………………………… (138)
10.8 复习问答题 ………………………………………………………… (138)
10.9 练习题 ……………………………………………………………… (138)

第 11 章 创建样板图、工具栏及菜单栏 ……………………………… (140)
11.1 创建样板图 ………………………………………………………… (140)
　11.1.1 创建样板图步骤 ……………………………………………… (140)
　11.1.2 使用样板图 …………………………………………………… (141)
11.2 创建工具栏 ………………………………………………………… (143)
　11.2.1 利用 AutoCAD 系统已有命令定制工具栏 ………………… (144)
　11.2.2 建立新命令创建新的工具栏 ………………………………… (145)
　11.2.3 创建弹出式工具栏 …………………………………………… (147)
11.3 创建菜单 …………………………………………………………… (147)
11.4 复习问答题 ………………………………………………………… (148)
11.5 练习题 ……………………………………………………………… (148)

第 12 章 定制工具选项板及线型 ……………………………………… (149)
12.1 定制工具选项板 …………………………………………………… (149)
　12.1.1 工具选项板选项的定制与删除 ……………………………… (149)
　12.1.2 使用工具选项板 ……………………………………………… (151)
　12.1.3 工具选项板显示方式的设置 ………………………………… (151)
12.2 定制线型 …………………………………………………………… (151)
　12.2.1 线型定制的方法 ……………………………………………… (152)
　12.2.2 线型定义语句的格式 ………………………………………… (152)
　12.2.3 实例 …………………………………………………………… (152)
12.3 复习问答题 ………………………………………………………… (153)
12.4 练习题 ……………………………………………………………… (154)

第 13 章 工程绘图实例及练习 ………………………………………… (155)
13.1 工程绘图实例 ……………………………………………………… (155)
13.2 工程绘图练习 ……………………………………………………… (160)

上篇

二维绘图

孝経上

国語科二

第 1 章 AutoCAD 基础

学习目标 熟悉 AutoCAD 经典常用的工作界面，了解各部分的基本用途，熟知发出命令的方式及命令格式的含义，熟练掌握各种绘图的输入方式。

学习重点 工具栏的调出方法，命令栏格式的含义及绘图输入的各种方式。

学习难点 根据绘制图形的实际情况，灵活的运用不同的输入方式以提高绘图效率。

1.1 启动 AutoCAD

正常安装 AutoCAD 以后，会在桌面生成快捷图标。启动 AutoCAD 方法一般有：
(1)双击桌面的 AutoCAD 快捷图标。
(2)单击"开始/程序/Autodesk/AutoCAD××××"。
(3)在安装目录里，双击 AutoCAD 可执行图标。

1.2 AutoCAD 经典常用的工作界面

打开 AutoCAD 后，不同的版本其默认的工作界面有所不同，2009 后的版本，可在左上方的下拉列表中选择"AutoCAD 经典"，使其呈现经典常用的工作界面，如图 1-1 所示。

1. 标题栏

工作界面最上方一行称之为标题栏，标明 AutoCAD 的版本及打开图形的名称，右方有最小化、最大化及关闭按钮。

2. 菜单栏

菜单栏是 AutoCAD 执行命令的一种操作方式。光标单击某个菜单时会呈现一个下拉菜单，菜单项右侧有小三角形的，表示该菜单项还有子菜单；菜单后有"…"的，表示该菜单项以对话框方式显示操作；没有"…"号的，则在命令栏显示操作。菜单发灰，表明当前条件下，该菜单功能不能使用。

3. 工具栏

工具栏是执行 AutoCAD 命令的一种操作方式。不同版本的 AutoCAD 有不同数量的工具栏，如 AutoCAD 2006 默认有 30 个工具栏，而 AutoCAD2011 有 48 个工具栏，均具备了二维绘图所需的工具栏。在经典常用的工作界面中，默认显示常用的有标准、图层、样式、绘图、修改及特性工具栏，见图 1-1。

· 2 ·　　　　　　　　　　AotoCAD 使用攻略

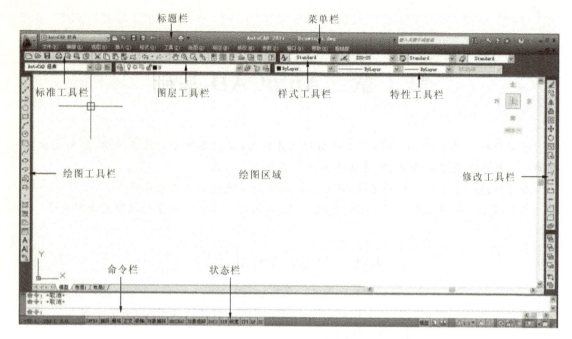

图 1-1　经典常用的工作界面

工具栏上有不同图像的图标，代表着不同的命令。当鼠标在图标上移动时，在图标的右下角显示出相应的命令名及注解，有助于确认命令。有的图标右下角有小三角形的，称之为下拉（或弹出式）工具栏图标，把光标放在小三角形上按住鼠标左键，即可显示下拉工具栏的各个图标。光标放在小三角形上，按住左键，将光标移动到另一个图标上然后松手，被选中的图标就会成为当前工具栏显示的图标。

常用调出工具栏的方式：将鼠标放在任意工具栏上右击，在出现的快捷菜单上选择所需的工具栏便可。

AutoCAD 的所有工具栏默认情况下都是浮动的，可以放在屏幕中的任何位置，也可改变其形状，把光标放置在工具栏的两端（有工具标题栏的也可放在标题栏上），可以拖动其到屏幕上需要的地方。

4. 绘图区域

绘图的地方。其下方、右方有移动滑块，用来移动绘图界面，但实际绘图中，常采用其他方式来显示或移动绘制的图形（后述）。在下方移动滑块的前面有模型及布局选项卡，模型空间也可称为工作或设计空间，布局空间也可称为图纸空间。单击相应的按钮，可实现绘图区域模型空间与布局空间的转换。本书主要阐述模型空间的操作。

5. 命令栏

用于键盘发出命令和显示命令的内容。默认大小为三行，可根据个人的喜好或绘图需要改变命令栏的大小。具体操作为：把光标放到绘图区域与命令栏交界处，出现双箭头时，按住鼠标上、下拖动，即可改变命令栏大小。

6.状态栏

显示绘图时的各种状态并可进行相应的设置。如光标位置的当前坐标、绘图时是否打开了正交功能、对象捕捉及追踪功能等。状态栏的左方的数值,实时显示光标所处位置的坐标。

不同版本的 AutoCAD,其状态栏图标显示的图案有所不同,在 2014 版中,右击状态栏图标,在出现的快捷菜单中去掉"使用图标"前的勾,可使状态栏的图标显示回复到典型的中文显示状态。

开启状态栏中的"正交模式"图标,能在画图时将光标的移动限定在水平或垂直方向上,快速地划出水平和垂直线。开启有三种方式:一是在命令行输入 ORTHO,二是在状态栏单击"正交"图标,三是利用功能键 F8。状态栏中其他的图标功能将在后续学习时按需介绍。

1.3 绘图输入方式

用 AutoCAD 绘图时,一般有以下四种输入方式:

1.3.1 直角坐标输入

绘图时,当知道一点相对于另一点的水平和垂直坐标差(距离)时,可采用直角坐标输入的方式绘图。在直角坐标输入时,根据起点的不同,又有绝对直角坐标输入与相对直角坐标输入之分:

1.绝对直角坐标输入

当起点是原点时,可采用绝对直角坐标输入,输入的格式是:X,Y。

2.相对直角坐标输入

当起点非原点时,一般采用相对直角坐标输入,输入的格式是:@$\Delta X,\Delta Y$。

在输入两点的相对直角坐标值时,要注意两点的相对位置,两点相对位置的坐标值沿坐标轴正方向为正值,反之为负值。

1.3.2 极坐标输入

绘图时,当知道两点之间的距离(线段长度)及与水平线的夹角时,可采用极坐标输入。输入时根据起点的不同,亦有绝对极坐标输入与相对极坐标输入之分。

1.绝对极坐标输入

当线段的起点是原点时,可采用绝对极坐标输入,输入的格式是:线段的长度<角度。

2.相对极坐标输入

当线段起点非原点时,必须采用相对极坐标输入,输入的格式是:@线段的长度<角度。

注意:

在输入极坐标的角度值时,角度是指线段与 X 轴的夹角。默认是:角度沿逆时针方向为正值,顺时针方向为负值。

1.3.3 直接距离(数值)输入

直接距离(数值)输入是快速绘图的一种方式。当知道线段的长度及方向或圆弧的直径及方向时,可采用该方式绘图。具体的操作方式是:确定一点后,在所需绘制方向上,移动光标拉出一根直线,在键盘上直接输入线段的长度数值或圆弧的直径的数值,回车即可绘制出图形。

画一60长度的水平线段,直接距离画法输入见图1-2。

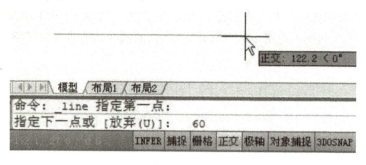

图 1-2　直接距离输入画线段

用多段线画直径为20的圆弧,直接距离画法输入见图1-3。

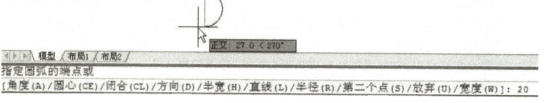

图 1-3　直接距离输入画圆弧

1.3.4 动态显示输入

2000版以后的AutoCAD增加了动态输入方式,亦即在绘图的过程中,光标的坐标及输入的数值会动态显示在屏幕上。其默认的显示方式及输入方式是相对极坐标,输入时用Tab键切换长度与角度的数值输入。在进行动态显示输入时,首先要开启动态输入。具体操作为:单击状态栏"动态输入"图标DYN,可以开启或关闭"动态输入"显示。

绘图时,也可根据需要,改变动态输入默认的输入方式设置,具体操作:右击状态栏"动态输入"图标/设置/设置("启用指针输入"下的"设置"),调出如图1-4、图1-5所示的对话框进行所需"动态输入"中输入方式的设置。

第 1 章 AutoCAD 基础

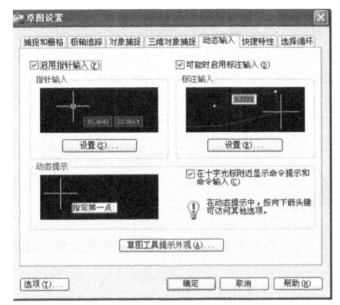

图 1-4 草图设置对话框

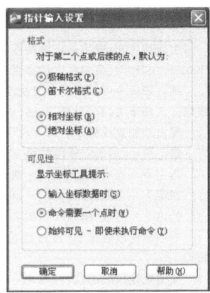

图 1-5 动态输入方式设置对话框

注意：

在绘制图形输入数值时，一般应在英文状态下输入数值。否则有时可能输入不了数值，或输入后没反应。

在绘制图形前，应对图形对象的组成进行分析，确定每个图形对象合适的绘图输入方式，提高绘图速度。

1.4 画直线段

1.4.1 AutoCAD 发出命令的方式

在 AutoCAD 绘图及编辑命令中，发出命令的方式一般有三种：一是在菜单中选择所需的操作命令，二是在工具栏中单击所需操作命令的图标，三是在命令栏中输入命令并回车。

发出绘图或编辑命令后，初学者在绘图过程中一定要注意观察命令栏，根据命令栏的提示来选择所需操作，进行图形的绘制。

1.4.2 命令栏中命令格式的含义

发出命令后，命令栏中的一般格式为："文字[ ]〈 〉："，各部分含义如下：

"文字"：当前操作提示；

"[ ]"：中括号中的内容是可选择的各种操作选项，输入其字母，回车即可执行该命令选项；

"〈 〉":小括号的内容是当前默认值或默认操作,直接回车便可执行。

1.4.3 画直线段

由前述可知,发出画直线命令有三种方式:一是在命令行输入 LINE 或简化命令 L 回车,二是在"绘图"菜单栏中选择直线项,三是在绘图工具栏中单击"直线"图标。

画直线命令可以画出一段线段,也可以不断输入下一点,画出连续的多个线段。可以将线段一直画下去,直到用回车键、空格键或右击鼠标退出画直线命令。

发出绘制直线命令后,命令栏提示:

指定第一点:确定线段的第一点

指定下一点或[放弃(U)]:确定线段的第二点

指定下一点或[放弃(U)]:确定下一点

指定下一点或[闭合(C)/放弃(U)]:

当绘制两段直线后,再继续绘制直线时,会出现上述选项,C 选项的用途是闭合所画图形。

绘制直线段时的技巧:

(1)连续画两段以上的线段,需闭合图形时输入 C,回车;

(2)在画完圆弧以后画直线,发出直线命令后,提示第一点时右击,可以保证线段和圆弧在直线的起点处相切。

(3)在画完直线后,接着再画直线时,发出直线命令后,提示"指定第一点"时右击,可以保证两直线段首尾相连。

例:绘制图 1-6 所示等边三角形,A 点坐标距原点 X、Y 值均为 100。

绘图输入方式分析(在现有所学知识前提下):

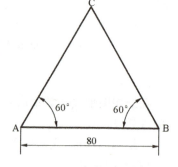

图 1-6 等边三角形

AB 边绘制采用四种绘图输入方式均可。相对直角坐标输入为:"@80,0"回车;相对极坐标输入为:"@80<0"回车;直接距离输入为:单击状态栏"正交"图标正交,开启正交模式,用光标向右拉出直线,输入"80"回车;动态显示输入为:单击状态栏"动态输入"图标DYN,开启动态输入后,输入"80"按 Tab 键后再输入"0"回车。对比之下,采用直接距离输入较为便捷。

BC 边绘制可采用:相对极坐标输入为:"@80<120"回车;动态显示输入为:开启动态输入后,输入"80"按 Tab 键后再输入"120"回车。

AC 边绘制可采用:相对极坐标输入为:"@80<240"回车;动态显示输入为:开启动态输入后,输入"80"按 Tab 键后再输入"240"回车;输入 C 回车。

绘图操作:

发出 LINE 命令后,命令栏提示:

指定第一点:输入 100,100 回车(按题目要求,距离原点 X、Y 坐标均为 100 处确定 A 点);

指定下一点或[放弃(U)]:开启正交模式,用光标向右拉出直线,输入"80"回车确定 B 点;

指定下一点或[放弃(U)]:输入"@80<120"回车确定 C 点;
指定下一点或[闭合(C)/放弃(U)]:输入 C 回车,完成图形的绘制。

1.5 常用操作

1.5.1 新建图形文件

发出命令新建图形文件有三种方式,选择"菜单":文件/新建;单击标准工具栏"新建"按钮▢;命令栏:输入 NEW 回车。

不同版本的 AutoCAD,其打开时界面有所不同:出现"启动对话框"的,可选"缺省"选项建立图形文件;出现"选择样板"对话框的,可选择样板文件 acadiso.dwt 建立图形文件,AutoCAD 图形文件的扩展名是:dwg。

1.5.2 在当前屏幕窗口显示已打开的图形文件

打开 AutoCAD 后,可同时新建多个图形文件,可用如下两种方式使打开的图形文件显示在当前的屏幕窗口中:
(1)菜单:窗口/勾选所需显示的图形文件名;
(2)按 Ctrl+Tab 键,可顺序地在屏幕窗口显示已打开的图形文件。

1.5.3 删除命令和取消命令操作

(1)删除操作:单击修改工具栏中的"删除"图标✎,光标变成选择框,此时命令栏提示:
选择对象:将选择框放到需要删除的图形上单击(可连续选取图形对象),回车,即可删除选择的图形。
(2)取消命令操作:在执行命令的过程中,需要取消该命令时,在键盘上按 Esc 键。

1.6 系统变量

AutoCAD 系统变量控制着执行命令的功能,其值常用 1 或 0 表示,默认值一般情况下不要轻易改变,如果在执行某个命令的过程中,功能有异,则有可能是系统变量发生了变化。在后续内容中,将陆续介绍一些命令的系统变量。

1.7 复习问答题

1. 学习 AutoCAD 的目标及要求是什么?学习的重点及难点?
2. 绘图常用有哪几种输入方式?如何输入?相对直角坐标的正负值如何确定?极坐标

角度正负值如何确定？用直接距离输入或动态输入绘图，应分别如何操作？

3. 如何改变命令栏的大小？如何打开或关闭命令栏？

4. AutoCAD 发出命令的方式一般有几种？命令栏中各部分格式的含义？

5. 如何调出工具栏？

6. 如何终止或取消一个命令？

7. 使用直线命令画图时有何技巧？

8. 如何新建图形文件？

9. 如何在屏幕中，切换显示已打开的图形文件？

1.8 练习题

1. 绘出下列所示图形（无需标注尺寸）。

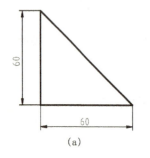
(a)
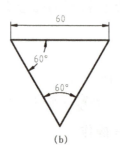
(b)
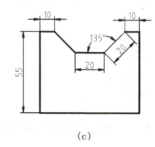
(c)

图 1-7 上机练习 1

2. 用四种不同的绘图输入方式绘出图 1-8 所示图形，谈谈绘图的感受。

3. 绘制图 1-9 所示不带装订边的 A4 图纸的边框，忽略线宽的不同（提示：画一矩形后，可用相对直角坐标输入方式，在矩形的一个角点，画一辅助线确定另一矩形的起点，然后删除辅助线）。

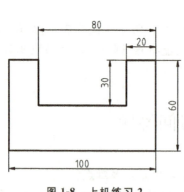

图 1-8 上机练习 2

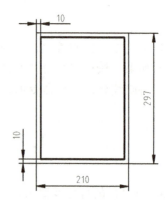

图 1-9 上机练习 3

4. 用直接距离输入、相对极坐标、相对直角坐标画出图 1-10 所示图形。

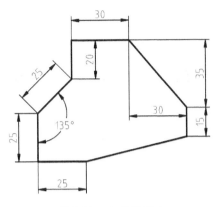

图 1-10 上机练习 4

第 2 章　设置绘图环境

学习目标　了解手工绘图与 AutoCAD 绘图操作上的异同点,养成绘图前按国家或行业标准设置绘图环境的习惯,熟练掌握设置绘图环境的各项内容。
学习重点　单位、图形界限、图层及线型设置。
学习难点　图层的使用与管理。

用 AutoCAD 绘图前,首先要进行相关设置,以便使绘出图样的各要素符合国家或行业标准。这些设置一般包含有:绘图环境设置、文字样式、尺寸样式设置,根据绘图需要,还可设置表格样式、多重引线样式及多线样式等。本章主要阐述及讨论绘图环境设置,其他设置在后续章节陆续讲述。在设置绘图环境前,首先我们要熟悉相关的国家或行业标准。

综合国标《CAD 工程制图规则》(GB/T 18229—2000)、《技术制图 图纸幅面和格式》(GB/T 14689—2008)的相关内容介绍如下:

1. 图纸幅面与格式

(1)在图纸上必须用粗实线画出图框,其格式分为不留装订边和留装订边两种,但同一产品的图样只能采用一种格式。为了使图样复制和微缩摄影时定位方便,均应在图纸各边长的中点处分别画出对中符号,对中符号用粗实线绘制,线宽不小于 0.5mm,从纸边界开始至伸入图框内约 5mm。图幅见图 2-1、图 2-2,尺寸见表 2-1。

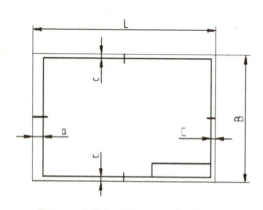

图 2-1　有装订边图纸(X)的图框格式

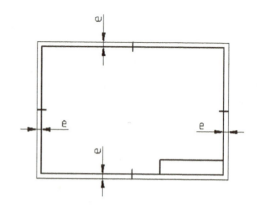

图 2-2　无装订边图纸(X)的图框格式

第 2 章 设置绘图环境

表 2-1 图框尺寸

幅面代号	A0	A1	A2	A3	A4
$B \times L$	841×1189	594×841	420×594	294×420	210×297
e	20	20	10	10	10
c	10	10	10	5	5
a	25	25	25	25	25

注：X 型是横向图样，Y 型是竖向图样，尺寸大小是一样的，这里仅展示了 X 型图框。

(2)对复杂的 CAD 装配图一般应设置图幅分区，其形式见图 2-3。

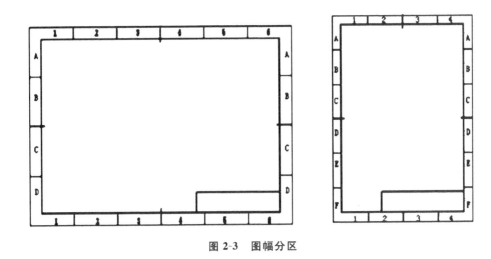

图 2-3 图幅分区

2. 标题栏

每张 CAD 工程图均应配置标题栏，并应配置在图框的右下角，其格式见图 2-4。学生绘图时，可采用图 2-5 所示的简化标题栏。

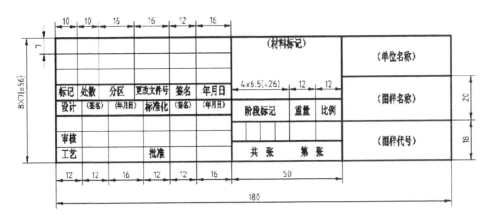

图 2-4 标题栏格式

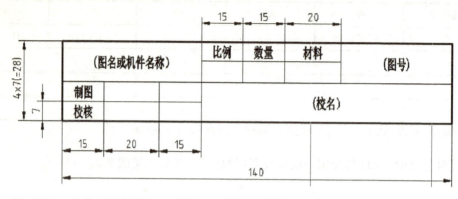

图 2-5　简化标题栏

3. 比例

在 CAD 工程图中需要按比例绘制图形时,按表 2-2 中规定的系列选用适当的比例。必要时,也允许选取表 2-3 中的比例。

表 2-2

种　类	比例
原始比例	1∶1
放大比例	5∶1　2∶1 5×10^n∶1　2×10^n∶1　1×10^n∶1
缩小比例	1∶2　1∶5　1∶10 1∶2×10^n　1∶5×10^n　1∶1×10^n
备注	n 为正整数

表 2-3

种　类	比例
放大比例	4∶1　2.5∶1 4×10^n∶1　2.5×10^n∶1
缩小比例	1∶1.5　1∶2.5　1∶3　1∶4　1∶6 1∶1.5×10^n　1∶2.5×10^n　1∶3×10^n　1∶4×10^n　1∶6×10^n

3. 工程图中常用的基本线型、线宽及应用(GB/T 17450—1998、GB/T 4457—2002、)见表 2-4。

表 2-4

线　型	名称	一般应用
———	粗实线	可见轮廓线、棱边线、相贯线、剖切符号线及流程图中的流程线
———	细实线	过渡线、尺寸线、指引线、基准线、剖面线

续表

线　　型	名　　称	一般应用
～～	波浪线	断裂处的边界线、视图与剖视图的分界线
－－－－	细虚线	不可见轮廓线、棱边线
—·—·—	细点画线	轴线、对称中心线、孔的中心线
—·—·—	粗点画线	限定范围表示线
—··—··—	细双点画线	轨迹线、特定区域线、中断线

《机械工程CAD制图规则》(GB/T 14665—1998)中规定的线宽见表2-5，一般优先采用第4组，其线宽比例是2∶1。需要注意的是：不同行业，规定的线宽组别和比例会有所不同，如土建图、化工工艺图有三类线宽组别，其线宽比例是4∶2∶1。

表 2-5

组别	1	2	3	4	5	一般用途
线宽(mm)	2.0	1.4	1.0	0.7	0.5	粗实线、粗点画线
	1.0	0.7	0.5	0.35	0.25	细实线、波浪线、虚线、细点画线、双点画线

了解绘图的相关标准后，本章首先讨论绘图环境设置。

2.1 绘图单位及图形界限设置

2.1.1 设置绘图单位及精度

在绘图前，要根据使用要求决定使用何种类型的单位及精度。单位及精度的设置用"图形单位"对话框设置。

"图形单位"对话框有两种方式调出：一是在命令行输入UNITS，二是选择菜单：格式/单位。对话框如图2-6所示，可根据实际绘图需要选择长度、角度类型及其精度。缺省设置长度单位的类型为十进制，精度是小数点后四位；角度单位为度，精度为零。工程绘图中，长度类型一般选"小数"，精度视具体情况而定，通常保留1至2位小数；角度类型一般选"十进制度数"，精度不保留或只保留一位小数，其他的可保留默认设置。

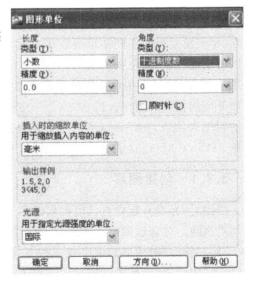

图 2-6 图形单位对话框

2.1.2 设置图形界限

图形界限,类似于手工绘图时,图纸图幅的大小,但在使用时略有差异。

设置图形界限发出命令的方式有两种:一是在命令行输入 LIMITS,二是选择菜单:格式/图形界限。

例1 设置 A4 图幅的图形界限。

发出 LIMITS 命令后,命令栏显示:

指定左下角点或[开(ON)/关(OFF)]〈0.0,0.0〉:回车,选择默认值原点作为图形界限的起点。

指定右上角点〈420,297〉:输入 210,297 后回车。

此时则在绘图区域以原点为起点,设置了 A4 的图形界限,为使所设图形界限布满显示在绘图区域,可在菜单栏中选择操作:视图/缩放/全部。

AutoCAD 默认的图形界限为 A3 图幅。

设置图形界限时应注意:

(1)一般以原点为基点进行设置。且画图幅边框时,左下角与其重合。以匹配后续打印章节中"图形界限"打印的范围选项,否则不能正确打印输出所需图形。

(2)设置图形界限并打开后,图形界限以外的区域是绘制不出图形的。打开或关闭图形界限的操作是:发出图形界限命令后,输入 ON,回车则打开,输入 OFF,回车则关闭。

2.2 创建图层及设置线型

图层,是绘图中性质相同或相关图形对象的集合。例如,绘图中常要用到点画线、虚线、细实线、粗实线绘图,每种线型可以看成是一个逻辑意义上的层。可以把图层想象成为没有厚度的透明层,各层之间完全对齐,一层上的某一基准点准确的对准于其他各层上的同一基准点,不同层绘出的不同图形叠加在一起,就构成了完整的图形。用户可以对每一图层指定绘图所用的线型、颜色及线宽,并将具有相同线型、颜色及线宽的图形绘在相应的图层上。图层是 AutoCAD 中组织图形的最有效工具之一,图层由层名来标识,用户可以根据实际绘图需要创建相关的图层。换言之,手工绘图时,绘制不同粗细的线条的图形是通过换不同粗细的铅笔来实现,而 AutoCAD 一般是通过选择所需图层来绘制不同的线型或线宽的图形对象。AutoCAD 还提供有效的图层管理功能,使用户在组织图形时非常灵活和方便。

2.2.1 创建图层

绘图时,在没有建立自己的图层前,图形是绘在 0 层上的,0 层是 AutoCAD 的默认图层且不可删除。可通过调出图 2-7 的"图层特性"对话框来建立新的图层,并对图层进行管理。

"图层特性"对话框的调出有三种方式:一是在命令行输入 LAYER 回车,二是选择"菜单"格式/图层,三是单击"图层"工具栏中"图层特性"图标。

在"图层特性管理器"对话框中单击箭头所指的"新建图层"按钮,AutoCAD 会自动创建

图 2-7 图层特性管理器对话框

一个名称为"图层1"的新图层。用户也可将此名字改成其他任何名字。如果在此之前没有选择任何层，AutoCAD会根据"0层"的特性来生成新层。如果"图层1"已存在，则新层叫"图层2"，以此类推。

初学者一般可创建绘图中常用到的粗实线、细实线、虚线、点画线及标注五个基本图层，并以其性质命名。工程绘图中可根据实际绘图需要及图层管理需要，建立相应的图层并以图层绘制的图形对象来命名，如：文字图层、仪表图层、管道图层等。在图层命名时，一定要注意，为方便在绘图时快速切换所需使用图层，图层命名最好以其性质或用途来命名，不能以其默认的图层一、图层二……来命名。

例2 建立粗实线、细实线、虚线、点画线及标注五个基本图层。

发出 LAYER 命令后，在图 2-7"图层特性"对话框中，点击"新建图层"的按钮，逐一建立并命名如图 2-7 所示的粗实线、细实线、点画线、虚线及标注五个基本图层。

至此，仅是创建了图层并命名，接下来尚需为创建的图层设置与图层名匹配的线型、线宽及颜色，使图层名称与其内容名副其实。

2.2.2 设置线型、线宽及颜色

1. 设置线型

单击图 2-7 中所在图层后的线型名称，调出图 2-8"选择线型"对话框，默认有的是 Continuous 线型，粗实线、细实线及标注图层均选择 Continuous；而虚线、点画线图层的线型需单击图 2-8 选择线型对话框中的"加载"按钮，调出图 2-9"加载或重载线型"对话框，选择需要的线型并进行线型加载。加载线型到"选择线型"对话框后，再选中刚加载的线型，点击"确定"按钮，即可将所选线型赋予所需图层。

虚线可选择 ACAD-ISO02W100 或 HIDDEN 及 DASHED 线型，区别在于 ACAD-ISO02W100 线型，其线段及空格长度是固定的，而 HIDDEN 及 DASHED 线型类型中，线段长度与空格大小均有数种样式可供选择。对图形较大的可选择 HIDDENX2，对图形较小的，可选择 HIDDEN2。

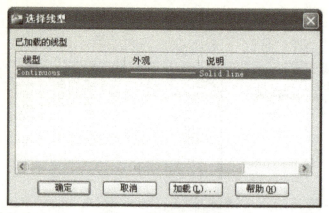

图 2-8　选择线型对话框

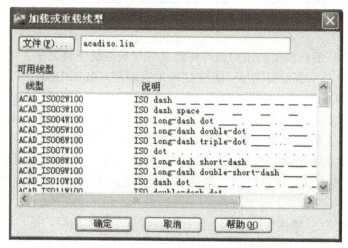

图 2-9　加载或重载线型对话框

点画线图层选择 CENTER 线型,同理,CENTER 线型类型中,可视图样的大小选择 CENTER2 或 CENTERX2 类型的点画线。

2. 线宽及颜色的设置

AutoCAD 2000 版以后,设置线宽有两种方式:一是直接在"图层特性"对话框中设置,二是通过颜色来设置笔号对应选择的线宽。两者显示的区别在于:前者能在绘图时实时显示线宽,通过点击状态栏中的"线宽"图标,可显示或关闭线宽显示;而后者在绘图时不显示线宽,只能通过 AutoCAD 打印后才能显示线宽。本节介绍以第一种方式设置线宽。

在国家标准《GB/T14665－1998 机械工程 CAD 规则》规定:粗线宽可根据需要一般选 0.5、0.7、1,推荐使用 0.7。其他线宽以粗实线为基准设置。如:机械制图中,粗线线宽为 d,细线线宽为二分之 d;化工工艺流程图中,粗实线线宽为 d,中粗线线宽为二分之 d,细线线宽为四分之 d。不同行业的工程图纸,其线宽可按行业标准或规定设置。

(1)线宽设置

操作:分别单击图 2-7 每个所设图层后的线宽名,在调出的图 2-10"线宽"设置对话框中,逐一选择各个图层所需的线宽。

(2) 颜色的设置

在国标《GB/T 14665—1998 机械工程 CAD 制图规则》中规定:粗实线为绿色,细实线为白色,虚线为黄色,细点划线为红色。而在国标《GB/T 18229—2000 CAD 工程制图规则》中规定:粗实线为白色,细实线为绿色,其他相同。一般而言,行业标准应符合国家标准,后续标准取代前面的标准。在实际绘图中设置线型颜色时,可按行业或企业的具体要求对线型颜色进行相关的设置。

操作:分别单击图 2-7 各所设图层后的颜色图案,在调出的图 2-11"颜色"对话框中,按行业标准规定,选择各个图层所需的颜色。

图 2-10　线宽设置对话框　　　　图 2-11　颜色设置对话框

2.2.3　图层的使用与管理

1. 图层的使用

绘图前,根据所绘制图形对象的需要,在"图层"工具栏右方下拉列表中,选择所需绘制线型的图层。

绘图时应注意:绘制图形对象时,需按图形对象的线型及线宽选择所需的图层进行绘制,而编辑修改图形对象时,在一个图层上可对所有图层上的图形对象进行编辑修改而不必切换图层。

2. 图层的管理

AutoCAD 提供了有效的图层管理功能,使用户在组织图形时非常灵活和方便。见图 2-7 中,提供了开、冻结及锁定三个选项,下面分别介绍其操作及作用:

(1) 开:单击所在图层后的"开"的图案 ,可打开或关闭图层的开关。图层打开时,该图层上所绘制的图形对象可见;在关闭状态时,该图层上的图形对象不可见,也不能被打印和输出。

(2) 冻结:单击所在图层后的"冻结"的图案 ,可打开或关闭冻结图层。冻结的图层,图层上的图形对象不可见,也不能编辑。

(3) 锁定:单击所在图层后的"锁定"的图案 ,可打开或关闭所需锁定的图层。锁定图层时,图形对象可见,但不能编辑。

2.3　其他设置

除了以上必设的绘图环境意外,工程设计人员还可根据自己的绘图习惯,进行相关的设置,如绘图区域的背景色、十字光标大小、选择框大小及鼠标右键功能等。

2.3.1　绘图区域背景色及十字光标大小的设置

AutoCAD 默认绘图区域背景色为黑色,它有利于在长时间绘制图形的工作状态下,避免光线的刺激,保护设计人员的眼睛。如需更换背景色,可进行如下操作,选择自己喜欢的背景色:

菜单栏:工具/选项/显示,调出图 2-12 的"选项"对话框,选择"窗口元素/颜色",对背景色进行设置;在右下方,可拖动"十字光标大小"中的滑块,对十字光标大小进行设置,框中的数值是指十字光标大小占屏幕大小的百分数。

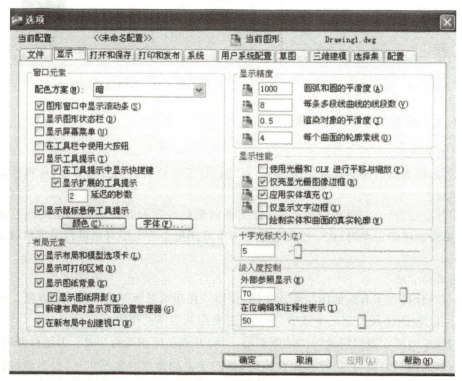

图 2-12　选项对话框

2.3.2 鼠标右键功能设置

在绘制工程图样时,可根据自己的使用习惯,设置鼠标右键功能,合理地设置鼠标右键功能可提高绘图速度。

鼠标右键功能设置操作:

菜单栏:工具/选项/用户系统配置/Windows标准操作/自定义右键单击,调出图 2-13 "自定义右键单击"对话框,根据自己的绘图习惯,对鼠标右键功能进行设置。

图 2-13 自定义右键单击对话框

2.4 复习问答题

1. 绘图环境设置一般包含哪几方面?设置图形界限应注意什么问题?有时在绘图区域中画不出图形可能是什么原因造成的?
2. 如何创建图层、命名图层,选择线型?
3. 如何使用图层?关闭、冻结、锁定图层三种图层管理方式,各有何功能?
4. 如何改变绘图区域的颜色及光标十字线大小?
5. 如何设置鼠标右键功能?

2.5 练习题

1. 设置 A4 图幅(210×297),包含粗实线、细实线、虚线、点画线及标注五个图层的绘图环境。
2. 观察图形,根据图线的不同,选择相应的图层,采用合适的绘图输入方式,绘出下列图形。

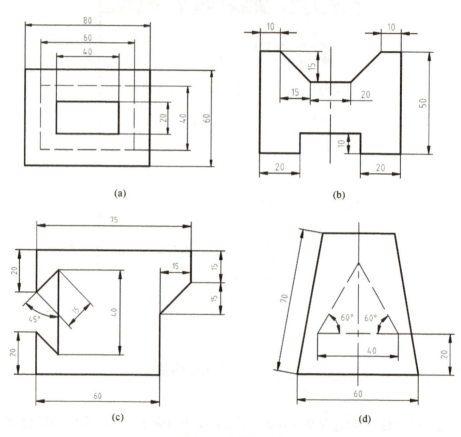

图 2-14 上机练习 2

第 3 章 绘制二维图形

学习目标 熟悉国标对图线画法的规定,了解射线及构造线的作用,熟练掌握矩形、多边形、圆、曲线的绘制方法;能按绘制图形时的需要,熟练掌握相应的图形对象显示控制的方法。

学习重点 各种图形对象的绘图方式及注意点。

学习难点 根据绘图需要,熟练地选择图形实时显示及控制的方法。

用 AutoCAD 绘制二维工程图样时,应熟知国标(GB/T 17450—1998、GB/T 4467.4—2002)对图线画法的有关规定,画图线时应注意以下几个问题:

(1)在同一张图样中,同类图线的宽度应基本一致。细虚线细点画线及细双点画线的画、长画和间隔应大致相等。

(2)绘制圆的中心线,圆心应为长画的交点;点画线的首末两端应是长画而不是点,点画线应超出轮廓线 2~5mm。

(3)在较小图形上画点画线有困难时,可用细实线代替。

(4)当图中的线段重合时,优先次序为粗实线、细虚线、细点画线,只画出排序在前的图线。

(5)细虚线在粗实线的延长线上时,在细实线和粗实线分界处应留有间隙;细虚线直线与细虚线圆弧相切时,应画相切。

(6)除非另有规定,两平行线之间的最小间隔不得小于 0.7mm。

3.1 射线及构造线

射线是沿一端无限延长的直线,构造线是沿两端无限延长的直线。因此它们在绘图时的用途是作为绘图时的辅助线。在绘制三视图前,可建一个射线或构造线图层,用以满足"长对正,高平齐"的投影关系。绘制图形后,可关闭此辅助图层。

执行射线命令方式:命令栏输入 RAY 回车或选择菜单"绘图/射线"选项。

执行构造线命令方式:命令栏输入 XLINE 回车,在绘图工具栏点击"构造线"图标或选择菜单"绘图/构造线"选项。

3.2 绘制矩形

矩形是工程中最常见的图形。AutoCAD 是通过指定矩形的两个对角点来绘制矩形,矩形的边与 X 轴或 Y 轴平行,在绘制矩形的过程中,通过选择执行相应的选项可绘制包含倒角、圆角和指定线宽的矩形。

执行绘制矩形命令方式:单击"绘图"工具栏矩形图标▭,选择菜单"绘图/矩形"选项,命令栏输入 RECTANG 回车。

例 1 绘制边长为 80×60 的矩形。

操作过程:

命令:RECTANG

指定第一个角点或[倒角(C)/标高(E)/圆角(F)/厚度(T)/宽度(W)]:确定一点,回车(在绘制的过程中,如需绘制倒角、圆角及特定线宽的矩形,可分别输入 C,F 及 W,回车执行相应的选项,标高及厚度一般用于三维绘图);

指定另一角点或[面积(A)/尺寸(D)/旋转(R)]:@80,60 回车(面积选项是根据面积来绘制矩形;尺寸选项是根据矩形的长度和宽度绘制矩形;如需旋转矩形,输入 R 回车,按命令栏提示,输入旋转的角度即可)。

例 2 绘制边长为 80×60,倒角 5×45°的矩形。

操作过程:

命令:RECTANG

指定第一个角点或[倒角(C)/标高(E)/圆角(F)/厚度(T)/宽度(W)]:输入 C,回车;

指定矩形的第一个倒角距离<0,0>:5,回车

指定矩形的第二个倒角距离<5,0>:直接回车

指定第一个角点或[倒角(C)/标高(E)/圆角(F)/厚度(T)/宽度(W)]:确定一点,回车;

指定另一角点或[面积(A)/尺寸(D)/旋转(R)]:@80,60 回车,即可绘出带倒角为 5×45°,边长为 80×60 的矩形。

注意:

绘制带倒角及圆角的矩形时,倒角距离可以不同,但两个倒角距离之和不能超过矩形的边长;倒圆角时,圆角半径不能超过边长的一半。

3.3 绘制正多边形

正多边形命令可绘制边数 3~1024 正多边形的图形。根据需要或所给参数的不同,有三种绘制方式:内接圆法、外切圆法及单边法。内接圆法绘制的正多边形的图形在指定直径的圆内,所有的顶点都在圆上;外切圆法绘制的正多边形在指定直径圆的外侧,各边与圆相切。见图 3-1。

执行绘制正多边形命令方式:单击"绘图"工具栏多边形图标,选择菜单"绘图/多边形",命令栏输入 POLYGON 回车。

例3 绘制内接圆直径为 φ40 的正五边形。
操作过程:
命令:POLYGON
输入边的数目⟨4⟩:5,回车
指定正多边形的中心点或[边(E)]:指定正五边形的中心点,回车

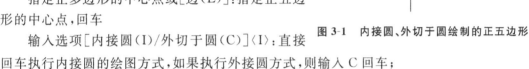

图 3-1 内接圆、外切于圆绘制的正五边形

输入选项[内接圆(I)/外切于圆(C)]⟨I⟩:直接回车执行内接圆的绘图方式,如果执行外接圆方式,则输入 C 回车;
指定圆的半径:20,回车,即可完成图形绘制。

例4 单边法绘制边长为 20 的正五边形。
操作过程:
命令:POLYGON
输入边的数目⟨4⟩:5,回车
指定正多边形的中心点或[边(E)]:E,回车;
指定边的第一个端点:指定一端点,指定边的第二个端点:@20,0 回车即可。
注意:
执行单边法绘制正多边形时,是沿逆时针方向绘制多边形。

3.4 绘制圆

执行绘制圆的命令方式:单击"绘图"工具栏圆图标,选择菜单"绘图/圆",命令栏输入 CIRCLE 回车。

需注意的是:绘图菜单中,绘制圆命令提供了六种绘制圆的方法,见图 3-2。而单击绘图工具栏绘制圆图标和在命令栏输入 CIRCLE 绘制圆弧,仅提供了五种绘制圆方法,如需用"相切、相切、相切"的方式绘制圆,只能选择用绘图菜单来发出绘制圆的命令。

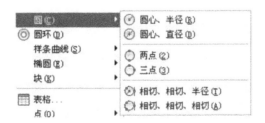

图 3-2 绘图菜单提供绘制圆的方式

一般而言,AutoCAD绘图菜单提供的绘图方式要多于绘图工具栏,因此,在绘图工具栏发出命令后,找不到相应的绘图方式时,不妨到绘图菜单栏中找找。

在绘图工具栏发出绘圆命令时,缺省方法为圆心－半径法。其他方法有圆心-直径法、两点法、三点法及相切－相切－半径法,绘图时可根据所给参数,选择相应绘制的方式。

例 5 绘制直径为 60 的圆。

操作过程:

命令:CIRCLE

指定圆的圆心或[三点(3P)/两点(2P)/相切、相切、半径(T)]:指定圆心

指定圆的半径或[直径(D)]:输入 30,回车。

例 6 绘制图 3-3 三角形的内切圆。

操作过程:

命令:CIRCLE,选择菜单栏"绘图/圆/相切、相切、相切"方式发出命令。

指定圆的圆心或[三点(3P)/两点(2P)/相切、相切、半径(T)]:_3p 指定圆上的第一个点:tan 到,此时将光标放到三角形 AB 边上,出现标记时单击鼠标

指定圆上第二个点:_tan 到,将光标移到 BC 边上,出现标记时,单击鼠标

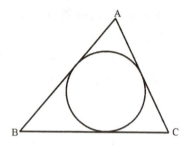

图 3-3 相切、相切、相切方式绘制圆

指定圆上第三个点:_tan 到,将光标移到 AC 边上,单击鼠标,即可完成图形绘制。

3.5　绘制圆弧

执行绘制圆弧的命令方式:单击"绘图"工具栏圆弧图标 ,选择菜单"绘图/圆弧",命令栏输入 ARC 回车。

绘图菜单中,提供绘制圆弧的方法有十一种,见图 3-4。通过绘图工具栏发出命令时,默认提供的绘制圆弧方法是三点法绘制圆弧。绘制圆弧时可根据所给参数,选择相应绘制的方式。

1.三点法绘制圆弧的操作过程:

命令:ARC

指定圆弧的起点或[圆心(C)]:指定圆弧第一点

指定圆弧的第二个点或[圆心(C)/端点(E)]:指定圆弧第二点

指定圆弧端点:指定圆弧的第三点。

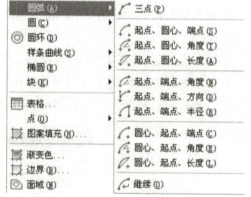

图 3-4　绘图菜单提供绘制圆弧的方式

2.绘制圆弧,其参数为:**两点的相对坐标为@0,80,半径为 50**。

命令:ARC,选择菜单"绘图/圆弧/起点、端点、半径"绘制圆弧的方式

指定圆弧的起点或[圆心(C)]：指定一点
指定圆弧的端点：@0,80,回车
指定圆弧的圆心或[角度(A)/方向(D)/半径(R)]：_r 指定圆弧的半径：50,回车即可。
注意：
在绘制圆弧时，除三点法外，都是从起点到端点按逆时针方向绘制圆弧。要注意角度的方向和弦长的正负，逆时针绘制圆弧为正，反之为负。

另外，在绘制工程图样中，许多图形的倒圆角圆弧，是用后续介绍编辑命令中的倒圆角方式绘制的。

3.6 绘制曲线

工程图样中，经常需要确定几点后，画相贯线、波浪线、断裂线等曲线，AutoCAD 中是通过样条曲线命令来绘制曲线的。

执行绘制样条曲线的命令方式：单击"绘图"工具栏样条曲线图标 ～，选择菜单"绘图/样条曲线"，命令栏输入 SPLINE 回车。

如果是通过数点来绘制曲线时，采用默认选项（默认选项采用拟合方式，0 公差值，连接各点绘制曲线，无需选择其他选项），直接找点绘制便可（需开启节点捕捉）。

通过三点绘制曲线的操作过程：
命令：SPLINE
指定第一个点或[方式(M)/节点(K)/对象(O)]：选第一个点
输入下一个点或[起点切向(T)/公差(L)]：选第二个点
输入下一个点或[端点切向(T)/公差(L)/放弃(U)/闭合(C)]：选第三个点，回车即可。
如有多点，按上述方式依次操作便可。
注意：
(1)2008 以前的版本，结束绘制样条曲线需回车三次。
(2)曲线是否精确地通过所需绘制的点与下列因素有关：
①绘制曲线的方式：样条曲线的绘制方式有两种：一是拟合方式，二是控制点方式，其默认绘制曲线方式是拟合。公差值为 0 时，采用不同的方式绘制的曲线见图 3-5(a)、(b)。

图 3-5　样条曲线绘制方式
(a)拟合方式；(b)控制点方式

②公差:公差选项控制绘制曲线距离通过点的距离的偏差,默认公差值为0。采用拟合方式绘制曲线,公差值为0、公差值为10所绘制的曲线见图3-6(a)、(b)。

图 3-6 公差值不同所绘制的曲线
(a)公差值为0;(b)公差值为10

3.7 绘制圆环

执行绘制圆环的命令方式:菜单"绘图/圆环",命令栏输入DONUT回车。
通过输入圆环的内径、外径及圆心绘制所需圆环。系统变量FILLMODE用于控制绘制圆环时是否填充圆环,1为填充,0为不填充。

例7 绘制内径为20,外径25圆环的操作过程:
命令:DONUT
指定圆环的内径⟨0.5⟩:20,回车
指定圆环的外径⟨1.0⟩:25,回车
指定圆环的中心点或⟨退出⟩:指定所需一点,回车即可。

3.8 绘制椭圆及椭圆弧

执行绘制椭圆的命令方式:单击"绘图"工具栏椭圆图标 ,选择菜单"绘图/椭圆",命令栏输入ELLIPSE回车。
可用椭圆命令绘制椭圆弧,也可单击"绘图"工具栏椭圆弧图标 绘制。
有两种绘制椭圆的方法,可根据给定的参数,选择所需方式绘制。

例8 绘制指定中心点,长轴为60,短轴为36的椭圆,见图3-7。
操作过程:
命令:ELLIPSE
指定椭圆的轴端点或[圆弧(A)/中心点(C)]:C,回车
指定椭圆的中心点:指定点画线的交点
指定轴的端点:@30,0(或拉出水平线,输入30)回车
指定另一半轴长度或[旋转(R)]:@0,18(或输入18)回车即可。
注意:选项"旋转(R)"是指椭圆轴在三维空间旋转一定角度后投影得到的另一轴的长度

第 3 章 绘制二维图形

的方式绘制椭圆,而非二维椭圆图形的旋转。

如需绘制图 3-8 的椭圆弧时,其操作过程为:

命令:ELLIPSE

指定椭圆的轴端点或[圆弧(A)/中心点(C)]:A,回车

指定椭圆弧的轴端点或[中心点(C)]:C,回车

指定椭圆弧的中心点:选取点画线交点为中心点

指定轴的端点:@30,0(或拉出水平线,输入 30)回车

指定另一半轴长度或[旋转(R)]:@0,18(或输入 18),回车

指定起始角度或[参数(P)]:0,回车

指定终止角度或[参数(P)/包含角度(I)]:120,回车即可。

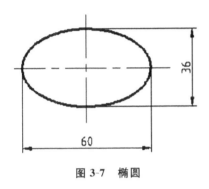
图 3-7 椭圆

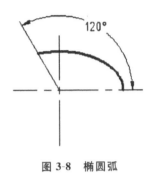
图 3-8 椭圆弧

3.9 点的绘制及图形对象等分

3.9.1 绘制点

绘制点时,首先要根据需要设置点的样式。

操作:菜单"格式/点样式",调出图 3-9 点样式对话框,对点的样式及大小进行设置。

可按需要选择相应的选项设置点的样式及显示大小。

执行绘制点的命令方式:单击"绘图"工具栏点图标,选择菜单"绘图/点",命令栏输入 POINT 回车。

命令:POINT

指定点:指定一点的位置

指定点:指定另一点的位置或按 ESC 键结束点的绘制。

注意:

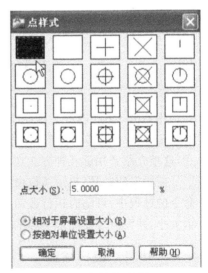
图 3-9 点样式对话框

结束点的绘制不是按 ENTER 键,而是按 ESC 键。

3.9.2 图形对象等分

在工程绘图中时常会进行图形对象等分,一般是通过设置点的样式后,对图形对象进行定数等分或定距等分操作。

1. 定数等分

执行定数等分的命令方式:菜单"绘图/点/定数等分",命令栏输入 DIVIDE 回车。

例 9 将圆分成 6 等分的操作过程,见图 3-10。

操作过程:

首先按前节所述,将点的样式设置为"×"。

命令:DIVIDE

选择要定数等分的对象:选择图 3-10 中的圆

输入线段数目数或[块(B)]:6,回车即可。

2. 定距等分

执行定距等分的命令方式:菜单"绘图/点/定距等分",命令栏输入 MEASURE 回车。

图 3-10 圆的定数等分

例 10 将图 3-11 直线段,进行 30 的定距等分。

操作过程:

首先将点的样式设置为"×"。

命令:MEASURE

图 3-11 直线的定距等分

选择要定距等分的对象:选择图 3-11 中的直线段

指定线段长度或[块(B)]:30,回车即可。

注意:

在定距等分对象时,定距等分从光标选的靠近线段的哪端开始进行定距等分。

3.10 图形及屏幕显示控制

用 AutoCAD 进行工程设计绘图时,由于显示屏大小的限制,需随时按绘图需要改变图形的显示大小或移动图形,以方便快速准确地绘图。AutoCAD 提供了多种显示控制的方式,这里介绍常用的几种方式在绘图过程中的作用。

需要说明的是,显示缩放命令及平移命令均为透明命令,所谓透明命令是指在执行其他命令的过程中,可随时执行该命令。另一点需要注意的是,显示缩放命令仅改变了图形的显示大小,并没有改变图形实际的尺寸。

3.10.1 窗口缩放

作用:局部(细小)图形放大至全屏。窗口缩放是让用户在图形上指定一个选择窗口,以该窗口作为边界,把窗口内的图形放大,以便用户作详细观察。

操作过程：

把光标放到标准工具栏缩放图标右下角三角形上按住，显示缩放弹出式工具栏，将光标移到第一个"窗口缩放"图标（早期版本的图标图案与现在的图标图案有所不同）；或选择菜单"视图/缩放/窗口"，发出窗口缩放命令。

指定第一个角点：在要放大的图形的角上选一点

指定对角点：选图形的对角点，即可将选择框中的图形放大至全屏。

3.10.2 范围缩放

作用：把所有绘制的图形对象都显示在当前屏幕窗口中。

操作过程：把光标放到标准工具栏缩放图标右下角三角形上按住，显示缩放弹出式工具栏，将光标移到最后一个"范围缩放"图标，或选择菜单"视图/缩放/范围"，发出范围缩放命令，即可将所有绘制的图形显示在当前屏幕窗口中。

3.10.3 实时缩放

作用：实时随意缩放图形大小。

操作过程：单击标准工具栏"实时缩放"图标，光标在屏幕中将变为类似放大镜的图案，按住左键向上方拖动鼠标，图形显示实时放大；按住左键向下方拖动鼠标，图形显示实时缩小。

操作技巧：

带滚轮的鼠标，向前推滚轮可实时放大图形，向后推滚轮可实时缩小图形，无需单击实时缩放图标。

3.10.4 实时平移

作用：在屏幕窗口移动图形。

操作过程：单击标准工具栏"实时平移"图标，屏幕中将出现类似手形的光标，按住左键拖动鼠标即可随意移动图形。

操作技巧：

带滚轮的鼠标，按住滚轮拖动鼠标，即可达到实时平移的效果。

3.10.5 圆及圆弧显示精度控制

在绘制圆及圆弧时，有时会出现绘制的圆呈多边形，其原因是圆及圆弧图形显示精度值设置过低造成的，合适的选择显示精度数值便可解决此问题。

操作：

选择菜单"工具/选项/显示/显示精度"，改变圆弧和圆的平滑度值的值，一般取值2000～10000便可，其值的调整范围为1～20000。见第2章图2-12。

3.10.6 线宽显示及控制

点击状态栏中的"线宽"图标或在线宽设置对话框中勾选"显示线宽"可开闭线宽实时显

示,开启线宽显示后,可根据自己的视觉调整控制绘制线条宽度的显示粗细。

操作:

菜单"格式/线宽…",调出图 3-12 线宽设置对话框,在"调整显示比例"中拖动滑块即可改变线宽显示的粗细。

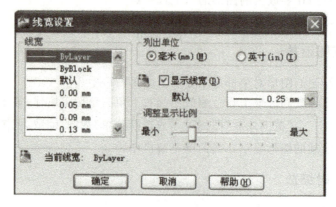

图 3-12　线宽设置对话框

3.10.7　屏幕显示控制

正常情况下,AutoCAD 显示窗口中均有工具栏和命令栏,我们可用相应的操作将命令栏及工具栏全部隐藏,使绘图区域扩大。操作如下:

(1)隐藏命令栏:选择菜单"工具/命令行"或按 Ctrl+9 键,可打开或关闭命令栏。

(2)隐藏全部工具栏:选择菜单"工具/全屏显示"或"视图/全屏显示"(2006 版是"视图/清除屏幕")或按 Ctrl+0 组合键。

3.11　复习问答题

1. 如何绘制倒角、倒圆角的矩形?
2. 正多边形有几种绘制方式?
3. 两点间画圆弧,默认按何方向画圆弧?
4. 如何设置点的样式?如何对图形对象进行定距、定数等分?定距等分时应注意什么问题?
5. 把局部视图显示放大到全屏采用何操作?把全部视图都显示在窗口中采用何操作?这些操作是否改变了视图真实大小?
6. 实时平移、实时缩放如何操作?鼠标滚轮有何作用?何为透明命令?
7. 绘出的圆呈多边形是何因?如何设置圆及圆弧的显示精度?
8. 如何显示线宽?如何改变线宽显示的粗细?
9. 如何隐藏命令栏及全部工具栏?

3.12 练习题

1. 用矩形、圆、多边形命令画出图 3-13 的图形。
2. 用直线及圆命令画出图 3-14 的图形。

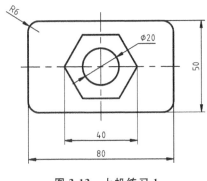

图 3-13 上机练习 1

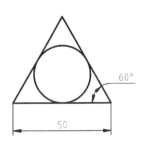

图 3-14 上机练习 2

3. 用多边形及圆命令画出图 3-15 的图形。
4. 用圆、椭圆、点及等分命令画出图 3-16 的图形。

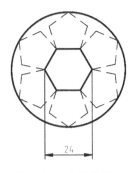

图 3-15 上机练习 3

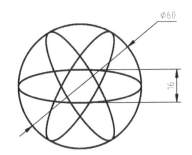

图 3-16 上机练习 4

5. 用直线及样条曲线命令画出图 3-17 的图形。

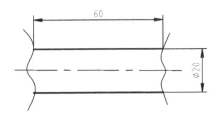

图 3-17 上机练习 5

6. 用直线、圆及多边形命令绘制图 3-18 的图形。

7. 用直线、圆及圆弧命令绘制图 3-19 的图形。绘图提示：注意两点间绘制圆弧的方向。

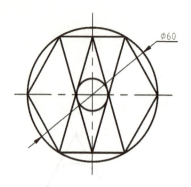
图 3-18　上机练习 6

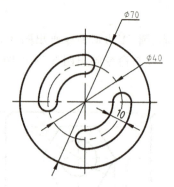
图 3-19　上机练习 7

第4章 巧用绘图辅助工具

学习目标 了解捕捉与栅格的作用,熟知并熟练掌握对象捕捉、已知一点定位另一点的方式、极轴追踪及自动对象捕捉追踪在辅助绘图中的作用与操作。

学习重点 已知一点定位另一点的操作及极轴追踪、自动对象捕捉追踪在辅助绘图中的作用。

学习难点 自动对象捕捉追踪的操作及根据绘图的需要,综合地运用绘图辅助工具。

绘图时,定点最快的方法是直接在屏幕上拾取点。为解决精确定点、定向及定位问题,使绘图及设计工作更为简便易行,AutoCAD提供了多种定点、定向及定位方式。这些绘图辅助工具有助于在快速绘图的同时保证绘图的精度,熟练地掌握绘图辅助工具并巧妙地运用于工程设计绘图中,可极大地提高绘图效率,作为一名合格的工程设计人员必须熟练掌握,并灵活运用于工程设计绘图过程中。

4.1 栅格与捕捉

栅格与捕捉是快速绘图的一种方式,设置栅格并开启捕捉后,光标将自动捕捉栅格的交点。因此,此方式是快速而并非精确绘图的手段。

栅格及捕捉的设置:右击状态栏"栅格"或"捕捉"图标/设置,调出"草图设置"栅格与捕捉设置对话框,对栅格及捕捉进行相应的设置。

注意:

开启捕捉后,光标将按栅格设置的间距,间隔取点。如需连续取点,可单击状态栏中的"捕捉"图标或按"F9"键将捕捉关闭。

4.2 对象捕捉

对象捕捉是快速精确定点的方法。在命令栏提示输入点的状态下时,都可以使用对象捕捉方式。绘图时,使用对象捕捉有两种方式:

4.2.1 对象捕捉工具栏捕捉

在任意工具栏上右击,在出现的快捷菜单上勾选"对象捕捉",调出对象捕捉工具栏,如

图 4-1 所示。

图 4-1 对象捕捉工具栏

1. 端点捕捉

单击端点捕捉图标，可捕捉到靠近光标的任何线条的端点。

2. 中点捕捉

单击中点捕捉图标，可捕捉到靠近光标的任何线条的中点。

3. 交点捕捉

单击交点捕捉图标，可捕捉到靠近光标的任何两线条的交点。

4. 圆心捕捉

单击圆心捕捉图标，可捕捉到圆、圆弧、椭圆及椭圆弧的圆心。注意：在多个圆及圆弧的情况下，圆心捕捉操作时，通常把光标放到所需捕捉的圆、圆弧、椭圆及椭圆弧的圆周上。

5. 象限点捕捉

单击象限点捕捉图标，可捕捉到圆、圆弧、椭圆及椭圆弧的象限点。象限点是指圆、圆弧、椭圆及椭圆弧与直角坐标相交的四个点。

6. 切点捕捉

单击切点捕捉图标，可捕捉到与圆、圆弧、椭圆及椭圆弧相切的点。

7. 垂足点捕捉

单击垂足捕捉图标，可捕捉到垂直于直线、圆或圆弧的点。

8. 平行线捕捉

单击平行线捕捉图标，可捕捉到与指定的线平行线上的点。

绘制平行线的操作：按需确定一点后，单击平行线捕捉图标，把光标移到所需平行的直线上，当出现平行捕捉标记后，将光标移到与直线大概平行的位置，出现橡皮筋线时定另一点，画直线即可。

9. 节点捕捉

单击节点捕捉图标，可捕捉到点。

10. 捕捉到最近点

单击捕捉到最近点图标，可捕捉到靠近光标的任何线条上的点。

还有一些不常用到的捕捉：捕捉到外观交点是指捕捉到两对象在三维空间不相交而投影相交的点；捕捉到延长线是指捕捉到线条延长一定距离之后的点；捕捉到插入点是指捕捉到文字、块及属性等对象的插入点。

使用对象捕捉工具栏进行捕捉时应注意：

对象捕捉在提示输入点的状态下才能使用,且使用对象捕捉工具栏图标进行捕捉是单击一次捕捉一次。

4.2.2 自动对象捕捉

在绘图时,时常要用到端点、交点及圆心捕捉,我们可以使用自动对象捕捉来实现此功能而无需每次都使用对象捕捉工具栏捕捉。

使用自动对象捕捉首先要根据绘图需要,调出图 4-2 的"草图设置"对象捕捉对话框,对需要进行自动捕捉的点进行设置。

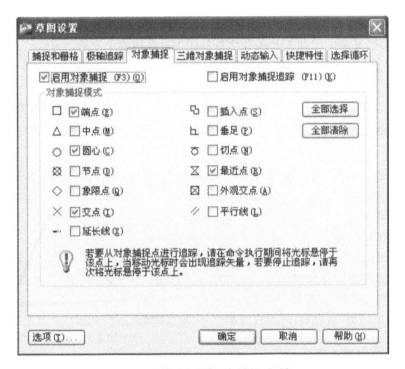

图 4-2 "草图设置"对象捕捉对话框

调出对话框一般有三种方式:一是单击"对象捕捉"工具栏中的对象捕捉设置图标；二是右击状态栏"对象捕捉"图标在出现的快捷菜单中,选择"设置"；三是在命令栏输入 OSNAP 回车。

一般情况下,在对话框中,勾选绘图中常用到的点,如:端点、中点、交点及圆心作为自动捕捉点,设置后单击"确定"按钮关闭对话框。

绘图前,开启自动对象捕捉,绘图过程中在提示定点的状态下,将光标移至所需图形对象处,便会自动捕捉到你所设置的捕捉点。

自动对象捕捉的开关也有三种方式：
(1)快捷键 F3；
(2)单击状态栏中的"对象捕捉"图标；

(3) 在草图设置对话框中,勾选"启用对象捕捉"。

在工程绘图中,应灵活地运用两种捕捉方式,以方便绘图及提高绘图效率:可将绘图时常用到的点设为自动对象捕捉的点,不常用的点则可采用对象捕捉工具栏捕捉的方式。

4.3 已知一点定位另一点

在绘图中,经常会遇到已知一点定位另一点的情况,如在第1章的练习中,绘制A4图幅的边框,我们是通过画辅助线的方式进行两个矩形的相互定位。AutoCAD提供了三种已知一点定位另一点的方式,采用这些方式可省略画辅助线而直接定点绘图,提高绘图效率。本节介绍两种方式,其余的一种方式在自动对象捕捉追踪内容中介绍。

4.3.1 捕捉自命令

发出绘图命令后,在需要确定输入点坐标的状态下,单击"对象捕捉"工具栏中的捕捉自图标 (或在命令栏输入 FROM 回车),选择基点(已知点),然后输入所需定位点的相对于基点的坐标。

例1 如图 4-3 所示,以距三角形 C 点相对坐标 50,50 的点为圆心,画一直径为 40 的圆。

绘图操作过程:

命令:CIRCLE

指定圆的圆心或[三点(3P)/两点(2P)/相切、相切、半径(T)]:(单击捕捉自图标)from 基点:(光标单击 C 点)〈偏移〉:@50,50 回车

指定圆的半径或[直径(D)]:20,回车。

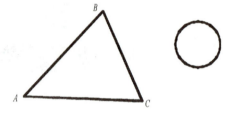

图 4-3 已知一点定位另一点

4.3.2 定位点命令

定位点命令的功能是取得点的坐标信息。在绘图中,常用来根据已知一点定位另一点。

操作步骤:单击"查询"工具栏定位点图标 (或在命令栏输入 ID 回车)后,单击已知点,取得该点的坐标值,在后续绘图命令需输入点的时候,输入@ 即可调用此已知点作为基点。

用定位点命令绘出图 4-3 操作过程:

发出定位点命令,命令栏提示:

指定点:单击 C 点,取得该点坐标值。

命令:CIRCLE

指定圆的圆心或[三点(3P)/两点(2P)/相切、相切、半径(T)]:@50,50 回车

指定圆的半径或[直径(D)]:20,回车。

要注意两种已知一点定位另一点方式在绘图操作时的差异:捕捉自命令是在绘图命令过程中需要定点时执行定点操作,而定位点命令是在绘图命令前执行定点操作。

4.4 追踪的功能及用途

在绘图过程中,有些点无法用对象捕捉直接捕捉到,以前需要用建辅助图层或采用绘制辅助线的办法来完成,现在可以使用追踪功能确定其位置。

AutoCAD 具有三种追踪方式,极轴追踪、临时追踪及对象捕捉追踪。如能熟练地知晓追踪的功能及用途,灵活地使用极轴追踪及对象捕捉追踪辅助绘图,将极大地提高绘图效率。

4.4.1 极轴追踪

1. 极轴追踪的功能及用途

极轴追踪的功能是追踪方向。其在辅助绘图中的用途有二:一是在绘图时为直接距离输入方式绘图定向,快速绘制图形;二是为临时追踪、对象捕捉追踪提供所需的追踪方向,它是临时追踪、对象捕捉追踪使用的前提条件。

2. 极轴追踪的设置及开启

右击状态栏中的"极轴追踪"图标,在出现的快捷菜单中,单击"设置",调出图 4-4 "草图设置"极轴追踪设置对话框,根据实际绘图需要进行相关设置。

图 4-4 "草图设置"极轴追踪设置对话框

在"极轴角设置"项中,增量角中的数值是极轴追踪方向角度的整倍数,而附加角是特定的追踪角度,单击"新建"按钮,可输入需要追踪的特定角度。设置时,应注意增量角和附加角的不同之处。绘图设置时,可将大多数线段角度的最小公倍数设为增量角,少数不同的角度设置为附加角。

在"对象捕捉追踪设置"项中,可根据绘图定向的需要,选择追踪的方式。

在"极轴角测量"项中,按自己熟悉的习惯,设置极轴角的测量方式。

设置后,单击"确定"按钮关闭对话框。

极轴追踪的开关有三种方式:按 F10 键、单击状态栏"极轴追踪"图标或在"草图设置"极轴设置对话框中勾选"启用极轴追踪"。

采用直接距离输入方式加极轴追踪辅助绘图时,为方便操作,快速定向,应关闭动态输入显示。

3. 极轴追踪辅助绘图实例

例 2 绘制图 4-5 所示的图形。

绘图操作步骤:

(1)分析图 4-5 可知,其所有图线的角度均为 45 度的公倍数,所以,该图形可用极轴追踪加直接距离输入的方式完成。

(2)右击状态栏"极轴"图标,在出现的快捷菜单上选"设置",调出"草图设置"极轴设置对话框,在"极轴角设置"项中,把增量角设置为 45 度,在"对象捕捉追踪设置"项中,选"用所有极轴角设置追踪"。并单击状态栏"极轴"图标,开启极轴追踪;单击"DYN"图标,关闭动态输入显示。

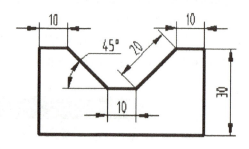

图 4-5 极轴追踪辅助绘图

(3)发出绘制直线命令,从图形的左下角点开始绘制图形。

命令:LINE

指定第一点:(指定左下角点)

指定下一点或[放弃(U)]:(向上拖动光标,追踪线显示 90°时)输入 30,回车

指定下一点或[放弃(U)]:(向右拖动光标,追踪线显示 0°时)输入 10,回车

指定下一点或[闭合(C)/放弃(U)]:(向右下拖动光标,追踪线显示 315°时)输入 20,回车

指定下一点或[闭合(C)/放弃(U)]:(向右拖动光标,追踪线显示 0 度时)输入 10,回车

指定下一点或[闭合(C)/放弃(U)]:(向右上拖动光标,追踪线显示 45 度时)输入 20,回车

指定下一点或[闭合(C)/放弃(U)]:(水平向右拖动光标,追踪线显示 0°时)输入 10,回车

指定下一点或[闭合(C)/放弃(U)]:(向下拖动光标,追踪线显示 270 度时)输入 30,回车

指定下一点或[闭合(C)/放弃(U)]:输入 C,回车封闭图形,即可完成整个图形的绘制。

从上操作可知,对于某些图形而言,极轴追踪加直接距离输入的绘图方式,免去了输入相对坐标的麻烦,极大地提高了绘图速度。其绘图的关键在于根据图形实际情况,合理的设置极轴追踪的增量角及附加角。另外很重要的一点是:在绘图时,为方便快速定向操作,应关闭动态输入显示。

4.4.2 临时追踪

1. 临时追踪的功能及用途

临时追踪的功能是已知两(多)点追踪定位一点。用于辅助绘图时,通过追踪两点确定图形对象的位置。

2. 临时追踪的设置

在进行临时追踪前,需设置相应追踪点的自动对象捕捉及所需极轴追踪的角度并开启。

3. 发出临时追踪命令的方式

单击捕捉工具栏临时追踪点图标 ![icon] 或在命令栏输入 TT 回车。

4. 临时追踪辅助绘图实例

例 3 画出图 4-6 的图形。

绘图操作步骤:

(1)从图 4-6 可知,先画出矩形,然后通过追踪矩形两边的中点 1、2,追踪矩形的中心点,定位圆心。

(2)设置中点自动对象捕捉及极轴正交追踪并开启。

(3)发出绘制矩形命令

命令:RECTANG

指定第一个角点或[倒角(C)/标高(E)/圆角(F)/厚度(T)/宽度(W)]:确定一点,回车;

指定另一角点或[面积(A)/尺寸(D)/旋转(R)]:@80,60 回车。

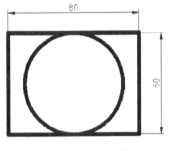

图 4-6 矩形及圆

(4)发出绘制圆命令

命令:CIRCLE

指定圆的圆心或[三点(3P)/两点(2P)/相切、相切、半径(T)]:(单击临时追踪点图标,将光标放到矩形边 1 点处,出现中点捕捉标记时单击,然后向右拖动光标,出现一根追踪线,再次单击临时追踪点图标,将光标放到矩形边 2 点处,出现中点捕捉标记时单击,然后向上拖动光标,出现一根追踪线,两根追踪线交点,即为圆心,见图 4-7)单击,确定圆心

指定圆的半径或[直径(D)]:30,回车,即可完成图形绘制。

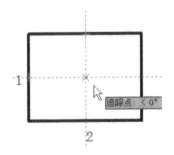

图 4-7 两点追踪确定圆心位置

操作时应注意:

采用临时追踪辅助绘图时,发出临时追踪命令一次则追踪一次,且要单击追踪点。

因此,在绘图中经常需通过两点追踪确定一点时,如绘制三视图,需满足"长对正、高平齐、宽相等"的情况下,常采用下面介绍的自动对象捕捉追踪方式来辅助绘图。

4.4.3 自动对象捕捉追踪

1.自动对象捕捉追踪的功能及用途

(1)自动对象捕捉追踪的功能是:追踪方向、已知一点定位另一点及已知两(多)点追踪定位一点。

(2)用途是:

①辅助绘制三视图。

在绘制三视图时,可用自动追踪已知一点定位另一点的功能确定主、俯及主、左视图间的距离,实现"俯、左视图宽相等";用追踪两点定位一点的功能实现"主、俯视图长对正,主、左视图高平齐"。

②需要通过已知两点追踪确定一点,确定位置的图形绘制。

2.自动对象捕捉追踪的设置及开启

自动对象捕捉追踪辅助绘图作用的实质是:点的自动对象捕捉、极轴追踪及对象追踪功能三者合一的综合应用。因此,使用自动对象捕捉追踪前提是:设置所需追踪点的自动对象捕捉并开启,设置所需极轴追踪的方向并开启。然后再开启自动对象捕捉追踪,开关自动对象捕捉追踪方式一般有两种:按 F11 快捷键或单击状态栏中的"对象追踪"图标。

同理,采用自动对象捕捉追踪辅助绘图时,为方便操作,应关闭动态输入显示。

3.自动对象捕捉追踪辅助绘图实例

例 4 见图 4-8,根据主视图,画出左视图,主、左视图间的间距为 50。

画图操作步骤:

(1)从图 4-8 分析可知,定位 A 点及 B 点是快速画出左视图的关键。可通过中点 2 及点 5 追踪确定 A 点;通过点 1 及点 4 追踪确定 B 点。开始绘制左视图时,可用对象捕捉追踪已知一点定位另一点的功能,通过点 3 定位点 1,满足"高平齐"的投影规律和主、左视图相距 50 的要求。

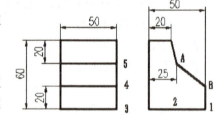

图 4-8 自动对象捕捉追踪辅助绘图

(2)右击状态栏"对象捕捉"图标,选"设置",调出"草图设置"对象捕捉对话框,选择端点、交点及中点的自动对象捕捉并开启,单击状态栏的相应图标开启极轴追踪及自动对象捕捉追踪。因 AutoCAD 默认的极轴追踪增量角为 90 度,追踪方向是正交追踪,故无需对极轴追踪进行设置。

(3)发出绘制直线命令,从左视图 1 点开始绘制图形。

命令:LINE

指定第一点:(把光标放到 3 点上,出现捕捉标记后稍作停留,向右拖动光标,追踪线显示为 0 度时),输入 100,回车确定 1 点

指定下一点或[放弃(U)]:(向左拖动光标,追踪线显示 180°时),输入 50,回车

指定下一点或[放弃(U)]:(向上拖动光标追踪线显示 90°时),输入 60,回车

指定下一点或[闭合(C)/放弃(U)]:(向右拖动光标,追踪线显示 0°时),输入 20,回车

指定下一点或[闭合(C)/放弃(U)]:(将光标放到点 5 上,出现捕捉标记后,稍作停留,向右拉出水平追踪线,然后把光标放到底边中点 2 上,出现捕捉标记后,向上拉出垂直追踪线,两追踪线的交点即为 A 点),单击鼠标画出 A 点。

指定下一点或[闭合(C)/放弃(U)]:(将光标放到点 4 上,出现捕捉标记后,稍作停留,向右拉出水平追踪线,然后把光标放到底边点 1 上,出现捕捉标记后,向上拉出垂直追踪线,两追踪线的交点即为 B 点),单击鼠标画出 B 点。

指定下一点或[闭合(C)/放弃(U)]:输入 C,回车即可完成左视图的绘制。

用自动追踪辅助画图操作过程时应注意:光标先后分别放到两追踪点上时,一定要停留片刻,出现捕捉标记后,向所需方向拉出追踪线,两追踪线的交点即为所需的追踪点。

4.5 查询

绘图时,有时需查询图形对象的有关信息,可调出如图 4-9 的"查询"工具栏,或在菜单"工具/查询"中,选择有关选项,见图 4-11,可查询所选对象的相关信息。

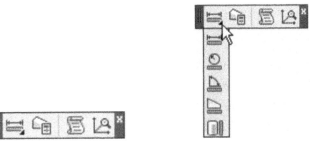

图 4-9 查询工具栏　　图 4-10 查询弹出式工具栏

图 4-11 查询菜单选项

4.5.1 距离查询

单击"距离"图标 ▭ 或选择菜单"距离"选项,可查询两点间的距离、坐标增量及与 X 轴的夹角。

光标放到右下方三角形处并按住,可弹出图 4-10 的弹出式工具栏,分别选择相应的图标,查询相关的图形对象信息。

4.5.2 面积查询

面积查询可用于计算封闭图形对象的面积和周长,如果要计算多个对象的组合面积,可选择加或减的方式,计算总面积。该命令可用于工程设计中的面积计算,如房间面积、矿体水平面的面积计算。

执行查询面积命令方式:单击"查询"工具栏查询图标 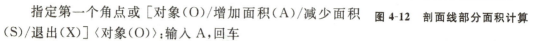,选择菜单"工具/查询/面积"选项,命令栏输 AREA 回车。

例 5 计算图 4-12 中剖面线部分的面积。

首先,将计算面积方式设置为加的方式,计算图形轮廓的总面积,然后再设置为减的方式,减去两个小圆的面积。

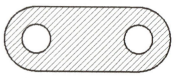

图 4-12 剖面线部分面积计算

操作过程:

命令 AREA

指定第一个角点或 [对象(O)/增加面积(A)/减少面积(S)/退出(X)]〈对象(O)〉:输入 A,回车

指定第一个角点或 [对象(O)/减少面积(S)/退出(X)]:输入 O,回车

("加"模式) 选择对象:选择阴影外形轮廓

区域 = 5183.7,周长 = 457.1

总面积 = 5183.7

("加"模式) 选择对象:回车

区域 = 5183.7,周长 = 457.1

总面积 = 5183.7

指定第一个角点或 [对象(O)/减少面积(S)/退出(X)]:输入 S 回车

指定第一个角点或 [对象(O)/增加面积(A)/退出(X)]:输入 O 回车

("减"模式) 选择对象:选取一个小圆

区域 = 389.9,圆周长 = 70.0

总面积 = 4793.8

("减"模式) 选择对象:选取另一个小圆

区域 = 389.9,圆周长 = 70.0

总面积 = 4403.9

("减"模式) 选择对象:回车

区域 = 389.9,圆周长 = 70.0

总面积 = 4403.9

指定第一个角点或［对象(O)/增加面积(A)/退出(X)］:按 ESC 键。

4.5.3 列表查询

列表查询命令是以列表的方式显示选中对象的类型、所在的图层及几何特性的信息。列表命令也能将图形对象的面积、周长显示出来,并且命令的执行方式比较简单,因此也常常用它来代替查询面积命令。

执行查询面积命令方式:单击"列表"图标 ,选择菜单"工具/查询/列表"选项,命令栏输 LIST 回车。

查询图 4-13 圆的信息操作过程及结果为:
命令:LIST
选择对象:选择圆,回车,则列表显示信息如下:
命令: _list
选择对象:找到 1 个
选择对象:
圆　　　　图层:粗实线
　　　　　空间:模型空间
句柄＝7db
圆心点,X＝141.8　　Y＝150.0　　Z＝0.0
半径　　　30.0
周长　　　188.5
面积　　　2827.4

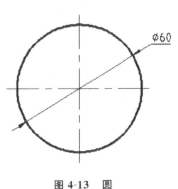

图 4-13　圆

4.6　图形重画、重生成

在编辑或修改图形后,有时会在屏幕上留下痕迹,此时可用重画、重生成命令去掉这些痕迹。

常用发出命令的操作方式是:选择菜单"视图/重画"、"视图/重生成"或"视图/全部重生成"选项,各个命令的作用是:

(1)重画:重画并刷新视口的图形显示。
(2)重生成:重生成图形并刷新当前视口图形。
(3)全部重生成:重生成图形并刷新所有视口。

用 AutoCAD 绘制二维图形,一般只用一个视口。

4.7　复习问答题

1.对象捕捉有几种方式？操作上有何区别？对象捕捉的前提条件是什么？自动对象捕

捉如何设置？如何开关？

2.移动光标时,光标呈间隔式移动是什么原因造成的？

3.在有多个圆重叠相交的情况下,圆心捕捉需注意什么问题？平行线捕捉如何操作？

4.已知一点定位另一点有几种方式？操作上有何区别？

5.极轴追踪有何用途？极轴追踪如何设置？增量角与附加角有何区别？如何开关极轴追踪？

6.自动对象捕捉追踪在辅助绘图中有何作用？自动追踪如何设置及使用？操作时应注意什么问题？

7.试述正交、自动对象捕捉、极轴追踪、自动对象捕捉追踪,开闭的快捷键。

4.8　练习题

1.用中点捕捉的方法,绘制图 4-14 所示图形。

2.用极轴追踪加直接距离输入方式,画出图 4-15 的图形。

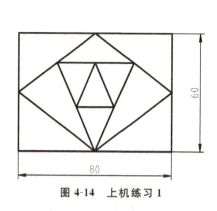

图 4-14　上机练习 1　　　　图 4-15　上机练习 2

3.用临时追踪的方式,通过分别追踪 A、B 圆的圆心水平、垂直方向,确定 C 圆圆心,绘制图 4-16。

4.用自动对象捕捉追踪辅助绘图,画出图 4-17。

绘图提示:先绘制三个圆,然后发出绘制矩形命令,通过追踪圆的象限点,确定绘制矩形的两个对角点。

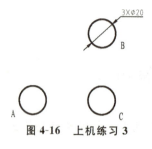 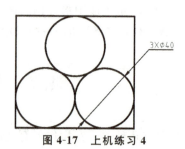

图 4-16　上机练习 3　　　　图 4-17　上机练习 4

5. 用已知一点定位另一点的辅助绘图方式画出图 4-18。

图 4-18(b)绘图提示：以矩形左下角点为基点，定位小矩形及三角形的左下角。

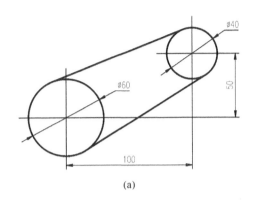
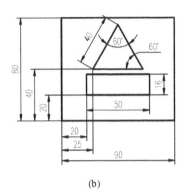

图 4-18　上机练习 5

6. 用自动对象捕捉追踪辅助绘图(取代用辅助线实现主、左视图高平齐，主、俯视图长对正的画法)，画出图 4-19 的图形（主、俯视图外形轮廓线，主、左视图外形轮廓线均相距 50）。

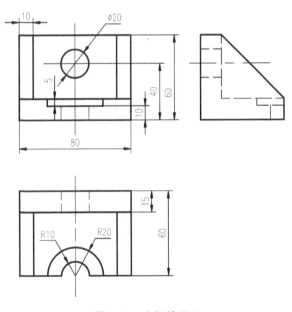

图 4-19　上机练习 6

第5章 图形对象编辑

学习目标 熟练掌握常用的编辑命令及其操作技巧,并在绘图中综合灵活运用。
学习重点 选择对象方式的使用及绘图常用编辑命令的掌握,熟练掌握镜像、偏移、阵列、倒角、倒圆角、打断、修剪及修改对象特性的操作及操作技巧。
学习难点 比例缩放、比例旋转及拉伸图形对象的操作。

图形对象编辑是指对已有的图形对象进行移动、旋转、缩放、复制、删除、参数修改及其他特定的快速绘图操作。AutoCAD 具有强大的图形编辑功能,在设计绘图过程中发挥重要作用。它可以帮助用户合理构造与组织图形,保证作图准确度,减少重复的绘图操作,从而提高绘图效率。

一般而言,编辑命令的操作分两步进行:首先选择所需编辑的图形对象,然后对选择的图形对象进行编辑操作。

5.1 选择图形对象

图形对象是指构成图形的基本元素。例如,用矩形命令与直线命令分别画出相同的矩形,矩形命令画出的矩形是一个图形对象,而直线命令画出的矩形是四个图形对象,它是由四根直线段构成的图形。

工程绘图中,常用选择对象的方式有三种,分别为直接拾取、窗口选取及窗交选取。下面介绍选择图形对象的相关操作。

1. 直接拾取

将光标拾取框直接放到图形对象上单击。采用这种方法,一次操作只能选择一个对象,因此最好不要将多个对象的交叉点作为选择点,否则不易确定所需选择的对象。

2. 窗口(W)选取

选择全部位于矩形选择窗口内的所有对象。这种方法通过选择对角线两端点,生成一个矩形选择窗口,完全包含在此区域内的对象均被选取。

操作过程:

发出编辑命令后,命令栏提示:

选择对象:W,回车

指定第一个角点:指定所需选择窗口的一个角点

指定对角点:指定选择窗口的第二个角点

此时系统会提示选中图形对象的个数,然后进行相应的编辑操作。

操作技巧:

在提示选择对象时,在需要选择对象的左方单击确定一点,从左向右拖动鼠标,拉出一个包含需选中对象的矩形选择框,单击。

3. 窗交(C)选取

选择全部位于矩形选择窗口内的所有对象和与选择窗口四条边界相交的所有对象。

操作过程:

发出编辑命令后,命令栏提示:

选择对象:C,回车

指定第一个角点:指定所需选择窗口的一个角点

指定对角点:指定选择窗口的第二个角点

此时系统会提示选中图形对象的个数,然后进行相应的编辑操作。

操作技巧:

在提示选择对象时,在需要选择对象的右方单击确定一点,从右向左拖动鼠标,拉出一个矩形选择框,单击。

使用窗交方式选择对象时,选择框边界为虚线,而窗口选取方式的选择框为细实线。在编辑图形对象时,应注意窗口方式和窗交方式在选择对象时的区别。

默认在未发出编辑命令的前提下,直接从左到右拖动鼠标为窗口选择对象,从右到左拖动鼠标为窗交选择对象。

在图形编辑命令中,有的编辑命令有特定的对象选择方式。在绘制图形时,可根据绘图需要,选择相应的对象选择方式。

4. 剔除已选中的图形对象

按 SHIFT 键,然后将光标拾取框放到已选中的图形对象上单击,即可去除已选中的图形对象。

5. 在编辑命令提示"选择对象"时,输入 L,则选择最后的绘图对象。

5.2 编辑图形对象

5.2.1 删除对象

删除图形对象一般有三种方式(第一种方式在第 1 章已介绍):

(1)单击修改工具栏"删除"图标。

(2)选择菜单"修改/删除"。

(3)选中对象后,按 Del 键。

5.2.2 放弃和重做命令

1. 放弃(U)命令

放弃命令用于取消上一次的命令操作。通常有两种使用方式:一是在命令行输入 U,二是在标准工具栏中点击"放弃"图标 ⤺。

2. 重做(REDO)命令

重做命令用于重做用放弃命令所进行的操作。通常有两种使用方式：一是在命令行输入 REDO，二是在标准工具栏中点击重做图标 ⤻。

放弃与重做命令的关系是：有放弃才能有重做。因此，在没有放弃命令前，标准工具栏中的重做图标显示发灰，不可操作。

5.2.3 移动及复制对象

1. 移动对象

移动对象是平移图形对象，并不改变对象的方向及大小。

执行移动命令的方式：单击修改工具栏"移动"图标 ✥，选择菜单"修改/移动"，命令栏输入：MOVE 回车。

移动图形对象的方式有两种：

(1) 位移法

位移法中，AutoCAD 默认其输入是相对坐标，直接输入需位移的 X 和 Y 坐标或极坐标值便可。

操作过程：

命令：MOVE

选择对象：选取要移动的对象，回车

指定基点或[位移(D)]〈位移〉：回车

指定位移：〈0.0,0.0,0.0〉：输入坐标值，回车。

(2) 基点法

操作过程：

命令：MOVE

选择对象：选取要移动的对象，回车

指定基点或[位移(D)]〈位移〉：在图形上指定一点作为移动的基点，回车

指定第二个点或〈使用第一点作为位移〉：输入需移动的相对坐标，回车。

2. 复制对象

复制对象命令用于复制选定对象，并可作多重复制。复制对象的方式及操作与移动对象的方式及操作类似。

执行复制命令的方式：单击修改工具栏"复制"图标 ⌘，选择菜单"修改/复制"，命令栏输入：COPY 回车。

复制的方式有两种：

(1) 位移法

位移法中，AutoCAD 默认其输入是相对坐标，直接输入需复制位移的 X 和 Y 坐标或极坐标值便可。

操作过程：

命令:COPY
选择对象:选取要复制的对象,回车
指定基点或[位移(D)/模式(O)]〈位移〉:回车
指定位移:〈0.0,0.0,0.0〉:输入坐标值,回车
(2)基点法
操作过程:
命令:COPY
选择对象:选取要复制的对象,回车
指定基点或[位移(D)/模式(O)]〈位移〉:在图形上指定一点作为复制的基点,回车
指定第二个点或〈使用第一点作为位移〉:指定第二个点
指定第二个点或[退出(E)/放弃(U)]:可继续指定点复制,直至回车结束复制。
2006后的 AutoCAD 版本,基点法复制具有多重复制功能,而之前的版本需选择"重复(M)"选项。

5.2.4 旋转及缩放对象

1.旋转对象

通过选择一个基点和相对或绝对的旋转角度可以旋转对象。默认设置逆时针旋转的角度为正值,也可通过"图形单位"对话框改变其设置。

执行旋转命令的方式:单击修改工具栏"旋转"图标,选择菜单"修改/旋转",命令栏输入:BOTATE 回车。

旋转图形对象的方式有三种:角度、复制及参照法旋转。
(1)角度法旋转
角度法旋转是指定基点后,将图形对象按所需旋转的角度旋转。
操作过程:
命令:BOTATE
选择对象:选取要旋转的对象,回车
指定基点:在图形上指定一点作为旋转的基点,回车
指定旋转角度,或[复制(C)/参照(R)]〈0〉:输入旋转角度,回车
(2)复制法旋转
复制法旋转是以复制的方式将复制的图形对象旋转到所需的角度。
操作过程:
命令:BOTATE
选择对象:选取要旋转的对象,回车
指定基点:在图形上指定一点作为基点,回车
指定旋转角度,或[复制(C)/参照(R)]〈0〉:C,回车
指定旋转角度,或[复制(C)/参照(R)]〈0〉:输入旋转角度,回车
(3)参照法旋转
参照旋转是将图形对象,参照另一个图形对象的位置来旋转。下面以实例来说明其操

作过程。

例 1 将图 5-1 中的矩形底边逆时针旋转到与直线重合,见图 5-2。

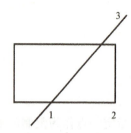 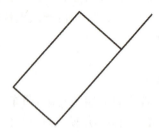

图 5-1　参照旋转前的图形　　　图 5-2　参照旋转后的图形

操作过程:
命令:BOTATE
选择对象:选取矩形,回车
指定基点:选矩形底边与直线的交点 1 作为基点,回车
指定旋转角度,或[复制(C)/参照(R)]〈0〉:R,回车
指定参照角:选矩形底边上的 1 点
指定第二点:选矩形底边上的 2 点
指定新角度或[点(P)]〈0〉:选直线上的 3 点,即可。

参照旋转操作时应注意:选择旋转对象时,不能选中参照对象;指定基点时,应根据旋转的要求来选。本例中,根据要求选矩形底边与直线的交点 1 作为基点。

2.缩放对象

按比例缩放图形是工程绘图中常用到的方法。

执行缩放命令的方式:单击修改工具栏"缩放"图标,选择菜单"修改/缩放",命令栏输入:SCALE 回车。

缩放图形对象的方式有三种:比例因子缩放、复制缩放及参照缩放。

(1)比例因子缩放

比例因子缩放是按需要输入比例因子缩小或放大图形。当比例因子大于 1 时,放大图形对象,比例因子介于 0 至 1 时,缩小图形对象。

操作过程:
命令:SCALE
选择对象:选取要缩放的对象,回车
指定基点:按需要在图形上指定一点作为缩放的基点,回车
指定比例因子或[复制(C)/参照(R)]〈0〉:输入缩放比例值,回车

(2)复制缩放

复制法缩放是以复制的方式将复制的图形对象缩放到所需的大小。

操作过程:
命令:SCALE

选择对象:选取要缩放的对象,回车
指定基点:按需要在图形上指定一点作为基点,回车
指定比例因子或[复制(C)/参照(R)]〈0〉:C,回车
指定比例因子或[复制(C)/参照(R)]〈0〉:输入缩放比例值,回车

(3) 参照缩放

参照缩放是将图形对象,参照另一个图形对象的大小来缩放,其操作过程与参照旋转类似,下面以实例来说明其操作过程。

例 2 将图 5-3 中的矩形缩放到与底边上直线一样的大小。

操作过程:

命令:SCALE

选择对象:选取矩形,回车

指定基点:选矩形底端点 1 作为基点,回车

指定缩放角度或[复制(C)/参照(R)]〈0〉:R,回车

指定参照长度:选矩形底边端点 1

指定第二点:选矩形底边端点 2

指定新的长度或[点(P)]〈1.0〉:选直线上的端点 3,即可。

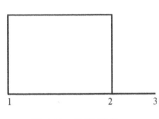

图 5-3 参照缩放

同理,参照缩放操作时应注意:选择缩放对象时,不能选中参照对象。

5.2.5 倒圆角及倒角

在工程设计绘图中,经常会用到倒圆角及倒角。倒圆角时按照指定的半径创建一条圆弧段,光滑地连接两个边,它可以自动修剪或延伸两边使之光滑连接。倒角是连接两个非平行的对象,通过延伸或修剪使之相交或用斜线连接。

1. 倒圆角

执行倒圆角命令的方式:单击修改工具栏"倒圆角"图标 ,选择菜单"修改/倒圆角",命令栏输入:FILLET 回车。

因为 AutoCAD 默认的倒圆角半径为 0,故发出倒圆角命令后,首先按需要设置倒圆角半径。如前次操作已设半径,再次倒圆角时,以此半径作为默认值。

倒圆角半径 R5 的操作过程:

命令:FILLET

选择第一个对象或[放弃(U)/多段线(P)/半径(R)/修剪(T)/多个(M)]:R,回车

指定圆角半径〈0.0〉:5,回车

选择第一个对象或[放弃(U)/多段线(P)/半径(R)/修剪(T)/多个(M)]:选择第一个倒圆角对象

选择第二个对象:选择第二个倒圆角对象即可。

如需多次倒圆角可选择使用多次倒圆角选项"多个(M)"。

操作技巧:

(1) 倒圆角操作后,可去掉图形对象多余的部分,见图 5-4 及图 5-5。

图 5-4　倒圆角前的图形　　　图 5-5　倒圆角后的图形

(2)圆角半径为 0 时,可使两条不平行的直线相交,可使两平行直线(多段线除外)以半圆弧相连,圆弧的直径即是两平行线间的距离,如两平行线不一样长短,以先选择倒圆角的哪根平行线长度为基准,长的部分会去掉、短的会延长。

2.倒角

执行倒角命令的方式:单击修改工具栏"倒角"图标,选择菜单"修改/倒角",命令栏输入:CHAMFER 回车。

发出倒角命令后,首先要按需要设置两边的倒角距离或角度。如前次操作已设倒角距离或角度,再次倒角时,以此设置作为默认值。

两边倒角距离均为 5 的操作过程:

命令:CHAMFER

选择第一个对象或[放弃(U)/多段线(P)/距离(D)/角度(A)/修剪(T)/方式(E)/多个(M)]:D,回车

指定第一个倒角距离〈0.0〉:5,回车

指定第二个倒角距离〈5.0〉:回车

选择第一条直线或[放弃(U)/多段线(P)/距离(R)/角度(A)/修剪(T)/方式(E)//多个(M)]:选择第一条直线倒角

选择第二条直线:选择第二条直线倒角即可。

如需多次倒角可选择使用多个倒角选项"多个(M)"。

注意:倒角、倒圆角的系统变量为 TRIMMODE,默认值为 1 时,其功能是修剪,即去掉倒角、倒圆角后多余的图形;值为 0 时,倒角、倒圆角后还保留倒角、倒圆角后去掉的图形,见图 5-6。

图 5-6　系统变量为 0 时倒圆角、倒角后的图形

5.2.6　修剪及延伸对象

1.修剪对象

修剪命令是按照指定的边界修剪对象,将多余的部分去除,绘图中恰当的使用修剪命令可提高绘图效率。

执行修剪命令的方式:单击修改工具栏"修剪"图标,选择菜单"修改/修剪",命令栏输入:TRIM 回车。

操作过程:

命令:TRIM

选择对象或〈全部选择〉:选择修剪边,回车
[栏选(F)/窗交(C)/投影(P)/边(E)/删除(R)/放弃(U)]:选择被修剪对象。
操作技巧:在提示选择对象时,选择全部图形对象或回车执行默认操作选项,这样所有被选中的对象即是修剪边,也是被修剪边,采用此方式,对于较为复杂图形的修剪而言,可极大地提高绘图效率。

对于没有相交但延长后有交点的图形对象,也可使用修剪命令,操作时选择"边(E)"选项,按命令栏中提示进行操作便可。

例3 将图5-7中的五角星图形修剪成图5-8中的图形。

图 5-7 修剪前图形　　　　图 5-8 修剪后的图形

操作过程:
命令:TRIM
选择对象或〈全部选择〉:回车,执行默认选项,全选图5-7中全部的图形对象
[栏选(F)/窗交(C)/投影(P)/边(E)/删除(R)/放弃(U)]:依次选择五角星中的五根线条,回车,即成为图5-8的图形。

2. 延伸对象

延伸对象和修剪对象的作用正好相反,可使未相交的对象延伸至相交。其操作过程及操作技巧与修剪对象类似。

执行延伸命令的方式:单击修改工具栏"延伸"图标，选择菜单"修改/延伸",命令栏输入:EXTEND回车。

操作过程:
命令:EXTEND
选择对象或〈全部选择〉:选择延伸边,回车
[栏选(F)/窗交(C)/投影(P)/边(E)/放弃(U)]:选择被延伸的对象。
操作技巧:在提示选择对象时,选择全选,这样所有被选中的对象即是延伸边,也是被延伸边。

5.2.7 拉伸及拉长对象

1. 拉伸对象

拉伸对象是拉伸图形对象的指定部分,同时保持与未移动部分的相连。

执行拉伸对象操作时,要注意选择对象的方式、选择对象的范围及图形对象的特点。具体而言应注意:

(1)必须用窗交方式选择对象,且选择框不能全选中对象,否则只能是移动对象。
(2)拉伸一侧选一侧,拉伸一点选一点,需根据作图要求来选择对象的具体部分。
(3)有端点的图形对象才能拉伸。如:圆及椭圆图形就不能执行拉伸操作。

执行拉伸命令的方式:单击修改工具栏"拉伸"图标,选择菜单"修改/拉伸",命令栏输入:STRETCH 回车。

例 4 将图 5-9 中的矩形拉伸为图 5-10 中的平行四边形。

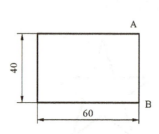
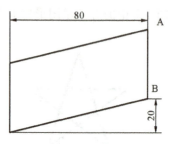

图 5-9　拉伸前的矩形　　　　图 5-10　拉伸后的平行四边形

操作过程:
命令:STRETCH
选择对象:从右向左拖动鼠标,用窗交方式选择 AB 边,回车
指定基点或[位移(D)]〈位移〉:回车执行默认选项位移
指定位移〈0.0,0.0,0.0〉:20,20,回车即可拉伸成图 5-10 的平行四边形。

在上述操作中,用指定基点方式也可:指定矩形中的 A 点或 B 点均可,但在后续输入时,应输入相对坐标。

操作过程:
命令:STRETCH
选择对象:从右向左拖动鼠标,用窗交方式选择 AB 边,回车
指定基点或[位移(D)]〈位移〉:选择 A 点或 B 点为拉伸基点
指定第二个点或〈使用第一个点作为位移〉:@20,20,回车即可拉伸成图 5-10 的平行四边形。

操作中应注意,一定要用窗交方式选择 AB 边,如选择框仅选中 A 点部分的话,同样的操作,则变成图 5-11 中的图形。

2. 拉长对象

拉长命令是用于改变直线段、曲线或圆弧的长度。对矩形、多边形、圆等图形无效。

执行拉长命令的方式:选择菜单"修改/拉长",命令栏输入:LENGTHEN 回车。

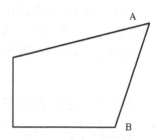

图 5-11　拉伸 A 点后的图形

将一直线段拉长 20 的操作过程:
命令:LENGTHEN

选择对象或[增量(DE)/百分数(P)/全部(T)/动态(DY)]:DE,回车
输入长度增量或[角度(A)]〈0〉:20,回车
选择要修改的对象或[放弃(U)]:将选择框放到靠近要拉长直线的一端上单击即可。
绘图时根据需要选择拉长对象的四个选项,这里选择增量方式。

"增量"选项:通过输入长度增量或角度增量的方式改变对象的长度,直线段仅能通过输入长度的方式改变长度。

"百分数"选项:按对象的百分比值改变长度。

"全部"选项:根据直线段或圆弧的新长度或圆弧的新包含角改变对象的长度。

"动态"选项:在绘图窗口实时动态的改变对象的长度。

当前操作"选择对象"并不拉长对象,仅显示对象的长度。

注意:在操作过程中"选择要修改的对象"时,需要拉长哪一端选择框就选哪一端。

5.2.8 偏移对象

偏移对象用于创建与原图形平行且等距的相同或相似的图形。偏移示例见图 5-12。

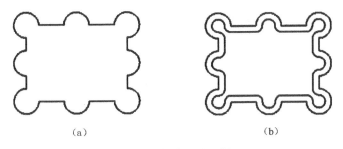

图 5-12 偏移图形示例
(a)原图形;(b)偏移后的图形

执行偏移命令的方式:单击修改工具栏"偏移"图标 ,选择菜单"修改/偏移",命令栏输入:OFFSET 回车。

偏移对象有两种偏移方式:
(1)定距偏移
操作过程:
发出命令:OFFSET
指定偏移距离或{通过(T)/删除(E)/图层(L)}〈通过〉:输入偏移距离,回车
选择要偏移的对象,或[退出(E)/放弃(U)]〈退出〉:选择要偏移的对象
指定要偏移侧的哪一侧上的点,或[退出(E)/多个(M)/放弃(U)]〈退出〉:在需偏移侧单击鼠标即可。如果要创建多个偏移对象,可选择"多个(M)"选项。
(2)定点偏移
操作过程:
发出命令:OFFSET

指定偏移距离或{通过(T)/删除(E)/图层(L)}〈通过〉:回车执行通过选项
选择要偏移的对象,或[退出(E)/放弃(U)]〈退出〉:选择要偏移的对象
指定要通过的点或[退出(E)/多个(M)/放弃(U)]〈退出〉:选定偏移对象要通过的点即可。

在执行偏移命令时应注意:偏移命令一次操作仅能偏移一个对象。

偏移命令在绘制图形中,是常常执行的编辑命令。如绘制平行线、图形对象定位的点画线及相同或相似的图形。

5.2.9 镜像对象

镜像对象用于创建原图形的轴对称图形。因此,在工程绘图中,凡是对称的图形均可用镜像方式绘制。

执行镜像命令的方式:单击修改工具栏"镜像"图标 ,选择菜单"修改/镜像",命令栏输入:MIRROR 回车。

操作过程:

发出命令:MIRROR

选择对象:选定要镜像的图形对象,回车

指定镜像线的第一点:选定对称线的第一点

指定镜像线的第二点:选定对称线的第二点

要删除源对象吗?[是(Y)/否(N)]〈N〉:回车,保留源对象图形,如需删除源对象图形则输入"Y",回车即可。

系统默认文字镜像时,与图形镜像有所差异,位置对称,但其文字顺序不反转,见图 5-13,图形镜像与文字镜像的差异,如需文字顺序反转,需修改系统变量"Mirrtext"的值,将 0 变为 1。

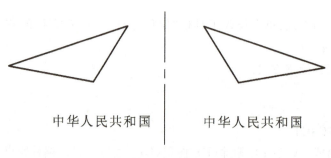

图 5-13 镜像

5.2.10 阵列对象

阵列命令用于复制有规律分布的图形对象。

执行阵列命令的方式:单击修改工具栏"阵列"图标 ,选择菜单"修改/阵列",命令栏输入:ARRAY 回车。

阵列对象有两种方式：矩形阵列及环形阵列。

1. 矩形阵列

矩形阵列对象是指将选定的对象以行和列的方式进行多重复制，并可设置旋转角度。

例 5 矩形阵列 4 行、4 列，行距、列距均为 15，阵列角度为 30°直径为 10 的圆。

操作步骤：

发出命令：ARRAY，调出图 5-14 阵列对话框。

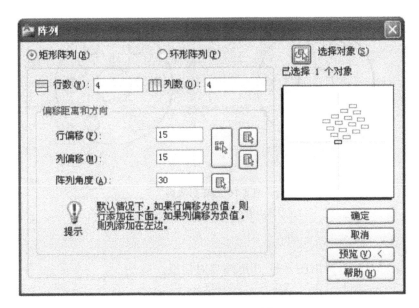

图 5-14 矩形阵列对话框

在阵列对话框中，选择矩形阵列，单击"选择对象"图标，选择图 5-15 中要阵列的圆 A；在阵列的行数及列数中分别输入 4，在"偏移距离和方向"项中，输入行、列的偏移的距离均为 15，在"阵列角度"中输入 30，单击"确定"按钮。矩形阵列圆的图形见图 5-15。

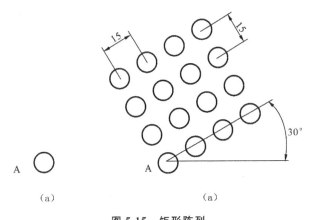

图 5-15 矩形阵列

(a)阵列前；(b)矩形阵列后的图形

注意:行、列偏移数值为正值时,阵列对象方向为行向上,列向右;负数则相反。阵列角度正值时,图形阵列沿逆时针方向旋转。

2.环形阵列

环形阵列是将选定的对象围绕指定圆心,在周向进行的多重复制,并可设置周向阵列的范围(圆心角度)。

例 6　将图 5-16(a)图形,通过环形阵列为图 5-16(b)的图形。

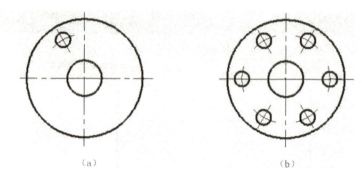

图 5-16　环形阵列
(a)阵列前;(b)环形阵列后的图形

操作步骤:

发出命令:ARRAY,调出图 5-17 环形阵列对话框。

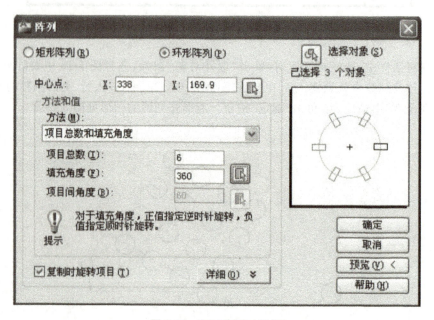

图 5-17　环形阵列对话框

在对话框中选环形阵列,单击"选择对象"图标,选择要环形阵列的小圆及径向、周向中心线三个对象；单击"中心点"后的图标，指定大圆圆心为环形阵列的中心点；在"项目总数"中输入环形阵列复制图形对象的个数6,在"填充角度"中输入环形阵列的角度360°单击"确定"按钮，即可完成图形的绘制，见图5-16(b)。

环形阵列对话框"方法和值"项中各选项介绍如下：

方法：通过单击右方的下拉按钮，按绘图需要选择"项目总数和填充角度"、"项目总数和项目间角度"、"填充角度和项目间角度"三种方法中的一种。

项目总数：环形阵列图形的个数。

填充角度：设置阵列后，第一个和最后一个图形对象之间的角度，可输入角度数值或单击后面的图标，用光标在图上选择填充角度，填充角度的默认设置是以现图形为基准，逆时针方向为正。

项目间角度：环形阵列后，两相邻图形对象的夹角。

操作中需特别注意的是：对于带有圆弧中心线的圆，如图5-16中的小圆，去掉"复制时旋转项目"的勾后，将不能进行环形阵列操作。

5.2.11 打断对象

打断命令用于删除对象中的一部分或把对象分为两部分，打断于点命令是把对象分为两部分。

1. 打断命令

执行打断命令的方式：单击修改工具栏"打断"图标 ，选择菜单"修改/打断"，命令栏输入：BREAK 回车。

操作过程：

发出命令：BREAK

选择对象：选择要打断对象，选择时应注意：默认下，选择对象时选择框选择对象的位置即是打断的第一点。

指定第二个打断点或[第一点(F)]：选择第二个打断点，即可。

如果选择对象时，选择框没有放在所需打断第一点的位置，可执行"第一点(F)"选项，重新选择打断的第一点。

如果无需打断对象的一部分，而仅是把对象分为两部分，可在提示"指定第二个打断点"时，输入@回车，此时将在第一点处把对象分为两部分。

操作中应注意：圆图形打断部分按逆时针方向从第一点到第二点打断。

2. 打断于点

打断于点命令是从打断命令派生出来的，2006前的版本无此命令。

执行打断命令的方式：单击修改工具栏"打断于点"图标 。

操作过程：

发出命令：单击修改工具栏"打断于点"图标 。

选择对象：选择要打断对象

指定第一个打断点：把选择框放到需打断点上单击即可。

5.2.12 分解对象

用于将某些一个图形对象分解为数个图形对象。如：矩形、多边形、圆环及后面涉及的多段线、多线及插入的块等。

执行分解命令的方式：单击修改工具栏"分解"图标，选择菜单"修改/分解"，命令栏输入：EXPLODE 回车。

操作过程很简单，发出分解命令后，选择需分解的图形对象回车即可。

5.3 夹点编辑对象

5.3.1 夹点及设置

夹点是图形对象上的特殊点。在未发出任何命令的前提下选择对象时，便会显示夹点，夹点有温点及热点之分，默认情况下，选中对象上呈蓝色的是温点，温点不可编辑；在温点上单击，夹点变成红色，称之为热点。如要消除显示的温点，按一次 ESC 键，消除热点按两次 ESC 键。

可对夹点显示进行设置：菜单"工具选项/选择集"，调出图 5-18 的对话框，对夹点的大小及颜色进行设置。

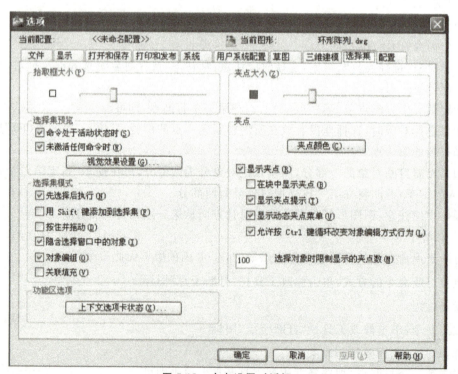

图 5-18 夹点设置对话框

5.3.2 夹点编辑

图形对象上的夹点处于热点状态时,可进行五种编辑操作,分别为拉伸、移动、旋转、缩放、镜像。通过按空格键、回车键及右键快捷菜单,可对编辑方式进行切换或选择。

夹点编辑操作步骤:

(1)选取对象,对象醒目显示,同时显示对象夹点(温点)。

(2)单击选取一个温点,则此点变为热点(红色),即当前对象进入夹点编辑状态,默认首先是拉伸操作,可通过空格、回车键切换或右键快捷菜单,选择所需的编辑操作。

(3)按命令栏提示进行编辑操作。夹点进行拉伸、移动、旋转、缩放的操作与前述相应的编辑命令操作相同或相似,夹点镜像操作默认去掉原图,要保留原图形,在操作中,需选"复制(C)"选项。

夹点编辑操作选热点时应注意:选中的热点,系统默认是拉伸、移动、旋转和缩放的基点以及镜像对称线上的第一点。

例7 用夹点编辑操作绘制图 5-19(b)的图形。

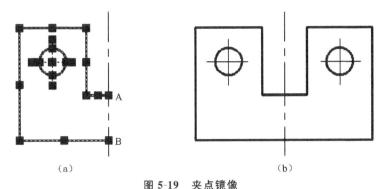

图 5-19 夹点镜像
(a)镜像前图形;(b)镜像后图形

操作过程:用前述绘图及定位方式绘出左半边图形,窗交方式选择图形,出现夹点(温点),见图 5-17(a),单击 A,使 A 点成为热点,进入夹点编辑状态。命令栏提示:

指定拉伸点或[基点(B)/复制(C)/放弃(U)/退出(X)]:通过空格、回车键切换或右键快捷菜单,选择镜像编辑操作

指定第二点或[基点(B)/复制(C)/放弃(U)/退出(X)]:C,回车

指定第二点或[基点(B)/复制(C)/放弃(U)/退出(X)]:选择 B 点

指定第二点或[基点(B)/复制(C)/放弃(U)/退出(X)]:X,回车即可。

5.4 修改对象特性

工程绘图中,有时会遇到需要修改图形对象的特性,修改图形对象特性有多种方式,每种方式修改对象特性的功能及操作各异,可根据具体情况选择。

5.4.1 用特性工具栏修改

对象特性工具栏可修改图形对象的颜色、线型及线宽。默认情况下,其中的选项均为"ByLayer",其含义是:图形对象特性随层。如果要改变某一图形对象的特性,其操作步骤为:先选中对象,然后在对象特性工具栏中选择需改变的元素。

操作时需注意:如果没有选中图形对象,而对"对象特性"工具栏的相关元素进行修改,将改变当前图层所画图形对象的特性。

5.4.2 用特性图标及特性匹配图标修改

对象特性图标及特性匹配图标均在"标准"工具栏中,单击对象特性图标,可调出"特性"选项板,全方位的修改图形对象的特性;而特性匹配图标的功能及操作类似于 WORD 中的格式刷。在菜单"修改"下拉菜单中,也可选择"特性"及"特性匹配"子菜单发出相应的命令。

1. 特性图标

单击标准工具栏中的"特性"图标,调出如图 5-20 的对象特性选项板,可根据需要进行相关的图形对象特性的修改操作。

操作过程:

先选中需修改特性图形的对象,然后调出"特性选项板",在特性选项板上选择需修改的参数,修改相应的特性数值。左方是滚动条,上下拖动,可使需修改的特性选项显示在特性选项板窗口中。

2. 特性匹配图标

特性匹配图标可修改图形对象的图层、颜色、线型、线宽,所修改的特性与源对象有关。

操作过程:

单击标准工具栏中"特性匹配"图标

选择源对象:选择源图形对象

选择目标对象或[设置(S)]:选择需修改的图形对象,回车即可。

图 5-20 对象特性选项板

5.4.3 用图层工具栏修改

用图层工具栏可改变图形对象的颜色、线型、线宽。

操作步骤:

选中需修改的图形对象,然后在"图层"工具栏中选择并切换到所需的图层。

5.5 复习问答题

1. 什么是图形对象?常用选择对象的方式有几种?

2. 窗口、窗交选择方式的选择功能有何不同？如何操作？去掉已选择上的图形对象如何操作？

3. 删除对象有几种操作方式？

4. 放弃命令与重做命令的作用及关系？

5. 移动、复制对象有几种方式？

6. 旋转、缩放对象有几种方式？参照旋转及参照缩放如何操作？操作时，选择对象时应注意什么？

7. 发出倒圆角、倒角命令后，能否直接倒圆角及倒角？倒圆角命令在绘图中有何绘图使用技巧？

8. 修剪及延伸对象命令有何操作技巧？

9. 拉伸对象操作时应注意什么问题？

10. 拉长命令的用途？拉伸命令与拉长命令的区别？矩形能用拉长命令拉长吗？

11. 偏移命令有何用途？有几种偏移方式？偏移操作中应注意什么？

12. 镜像命令有何用途？

13. 阵列命令有何用途？有几种方式？矩形阵列时，行、列偏移值可为负数吗？环形阵列时应注意什么问题？

14. 打断有几种方式？圆打断时，应注意什么问题？

15. 什么是夹点？夹点编辑能进行几种操作？如何切换选择编辑操作？选取热点时，应注意什么问题？如何消除图形上的温点和热点？

16. 修改图形对象特性有几种方式？如何操作？在粗实线图层绘图，其线型却是点画线，可能是什么原因造成的？

5.6 练习题

1. 用多边形及复制命令画出图 5-21 的图形。
2. 用圆、直线、修剪及复制旋转命令画出图 5-22 的图形。

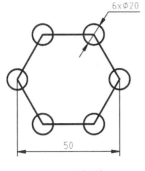

图 5-21　上机练习 1

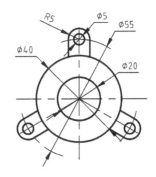

图 5-22　上机练习 2

3. 用圆、矩形及参照缩放命令,辅以自动对象捕捉追踪画出图 5-23 的图形。
4. 用多边形、直线及修剪命令画出图 5-24 的图形。

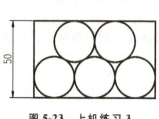

图 5-23　上机练习 3　　　　　　图 5-24　上机练习 4

5. 用矩形、直线、倒角、倒圆角命令画出图 5-25 的图形。
6. 将 60×40 的矩形,拉伸为图 5-26 的图形,其拉伸的相对直角坐标值为@ 0,20。

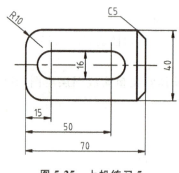

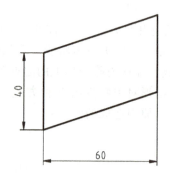

图 5-25　上机练习 5　　　　　　图 5-26　上机练习 6

7. 用矩形、倒角、倒圆角、偏移、旋转、镜像命令画出图 2-27 的图形,偏移距离为 5。
8. 用打断、偏移命令画出图 5-28 的图形,偏移距离为 6。

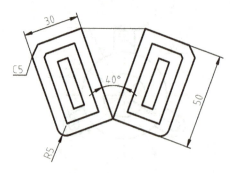

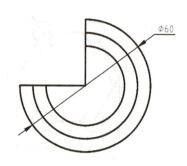

图 5-27　上机练习 7　　　　　　图 5-28　上机练习 8

9. 用阵列命令画出图 5-29 的图形。

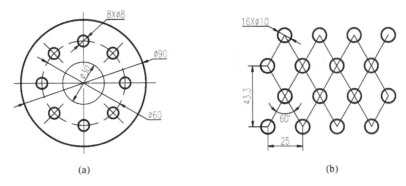

图 5-29　上机练习 9

第6章 绘制及编辑图形对象

学习目标 熟知剖面线、多段线、多线在工程制图中的用途,并熟练掌握其绘制及编辑方法。
学习重点 剖面线、多段线的绘制及编辑。
学习难点 多线的设置。

6.1 绘制及编辑剖面线

AutoCAD 中,剖面线(剖面图案)的绘制是通过图案填充的方式来实现的,其提供了多种材质的剖面填充图案,可根据绘制图形对象的材质,按相关规定对剖面图案进行选择。

6.1.1 绘制剖面线

执行绘制剖面线命令方式:单击"绘图"工具栏"图案填充"图标,选择菜单"绘图/图案填充",命令栏输入 HATCH 回车,均可调出图 6-1 图案填充对话框。

绘制剖面线的步骤:

1. 选择填充范围(绘制剖面线的区域)

选择填充范围或称之为定义边界有两种方式,见图 6-1 右上角"边界"项:

(1)拾取点

采用拾取点方式的前提是:图形边界必须封闭。操作时,单击拾取点图标,AutoCAD 临时切换到绘图屏幕,并在命令栏提示:

拾取内部点或[选择对象(S)/删除边界(B)]:

在此提示下,单击需画剖面线封闭图形中一点,整个封闭图形被选中,回车返回对话框界面。

(2)选择对象

当图形对象边界不封闭时,可采用拾取对象的方式选择图形的填充范围。操作时,单击图标,AutoCAD 临时切换到绘图屏幕,并在命令栏提示:

选择对象或[拾取内部点(K)/删除边界(B)]:

在此提示下,逐一选取填充边界的图形对象,回车返回对话框界面。

2. 剖面线图案的选取及设置

在"类型和图案"项,"类型"下拉列表中有"预定义"、"用户定义"、和"自定义"三种填充类型,执行"预定义"选项表示使用 AutoCAD 提供的图案进行填充;单击"图案"选项后的按

图 6-1 图案填充对话框

钮,可调出图 6-2 所示的填充图案选项板,直观地选择所需的剖面线图案。

如果图案的角度及线条间距需调整,可在"角度和比例"项中对"角度"和"比例"进行设置,设置参数时注意:

(1)角度:以原图案的角度为起始角度,默认逆时针为正。

(2)比例:图案线条间的距离,默认为 1。如果图案线条过密或过疏,可重新设置,小于 1 时,图案线条间距比原图案小,大于 1 时,图案线条间距比原图案大。

3.填充

选好填充范围及填充图案后,单击"确定"按钮即可绘制剖面线。对初学者而言,单击"确定"按钮前最好先单击"预览"按钮,对填充的图案进行预览,对不合适的图案或参数进行修改。

图 6-1 图案填充对话框"选项"项中,"关联"选项是指编辑图形对象时,填充图案与图形对象是否关联,如果关联,当编辑命令修改填充图形边界时,填充的图案会与边界相适应;

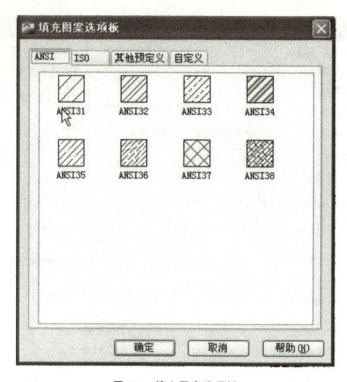

图 6-2 填充图案选项板

"创建独立的图案填充"是指同时填充几个图形对象时,每个填充的图案是否是独立的图形对象,"注释性"选项含义,后面章节的内容会阐述。

6.1.2 编辑剖面线

常用编辑剖面线的方式有两种:

1. 图案填充编辑对话框编辑

"图案填充编辑"对话框许多选项与"图案填充"对话框类似,按需求进行相应的编辑操作即可。

调出"图案填充编辑"对话框的方式有:

(1)2014 版,选中填充图案,右击,在出现的快捷菜单中选择"图案填充编辑";2008 之前版本,双击图形中填充图案即可调出图案填充编辑对话框。

(2)单击修改工具栏Ⅱ中的"编辑图案填充"图标。

(3)菜单"修改/对象/图案填充"。

(4)命令栏输入 HATCHEDIT 回车。

2. 对象特性选项板编辑

调出对象特性选项板的方式有:

(1)选中填充对象,单击"对象特性"图标(操作顺序颠倒也可)。

(2)双击填充图案。

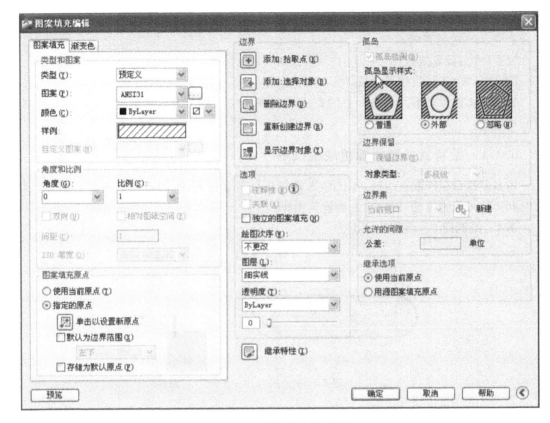

图 6-3 图案填充编辑对话框

用"对象特性"选项板编辑图形对象的操作过程在前 5.4.2 章节已讲述。

6.2 绘制及编辑多段线

多段线是多段直线段与圆弧首尾相连构成的单个对象。其特点为:一个对象,在绘制时可实时改变线宽。

执行绘制多段线命令方式:单击"绘图"工具栏"多段线"图标，选择菜单"绘图/多段线",命令栏输入 PLINE 回车。

发出多段线命令后,默认开始绘制的是直线段,命令栏提示如下:

指定起点:

当前线宽为 0.0

指定下一个点或 [圆弧(A)/半宽(H)/长度(L)/放弃(U)/宽度(W)]:

指定下一点或 [圆弧(A)/闭合(C)/半宽(H)/长度(L)/放弃(U)/宽度(W)]:

命令栏中提示的常用到的选项作用如下:

圆弧(A):绘制圆弧;

长度(L):在与前一线段相同的角度方向上绘制指定长度的直线段；
直线(L):绘制直线；
宽度(W):设置线宽；
闭合(C 或 CL):封闭多段线。
根据所画图形的形状及命令栏的提示绘制多段线。基于多段线的特点,其在工程制图中的用途为:

6.2.1 绘制直线和圆弧组成的图形

用多段线命令绘制直线时,其操作方式与直线命令相同,不同点是对象数不同;绘制圆弧时默认输入值为直径,现以实例讲解其操作。

例1 绘制图 6-4 键槽的图形。

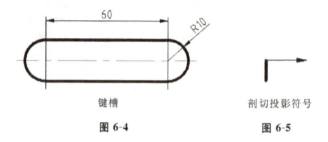

图 6-4　　　　　图 6-5

分析:绘制图 6-4 由直线和圆弧组成的多段线时为提高绘图速度,可开启正交功能,使用直接距离输入法画直线及圆弧,以提高绘图速度。

操作过程:

发出命令:PLINE

指定起点:以图形下方直线左端点为起点

指定下一个点或[圆弧(A)/半宽(H)/长度(L)/放弃(U)/宽度(W)]:鼠标向右拖出水平线,输入 60,回车

指定下一个点或[圆弧(A)/闭合(C)/半宽(H)/长度(L)/放弃(U)/宽度(W)]:A,回车执行绘制圆弧

[角度(A)/圆心(CE)/闭合(CL)/方向(D)/半宽(H)/直线(L)/半径(R)/第二个点(S)/放弃(U)/宽度(W)]:光标向上拖出垂直线,输入 20,回车

[角度(A)/圆心(CE)/闭合(CL)/方向(D)/半宽(H)/直线(L)/半径(R)/第二个点(S)/放弃(U)/宽度(W)]:L,回车

指定下一个点或[圆弧(A)/闭合(C)/半宽(H)/长度(L)/放弃(U)/宽度(W)]:鼠标向左拖出水平线,输入 60,回车

指定下一个点或[圆弧(A)/闭合(C)/半宽(H)/长度(L)/放弃(U)/宽度(W)]:A,回车执行绘制圆

[角度(A)/圆心(CE)/闭合(CL)/方向(D)/半宽(H)/直线(L)/半径(R)/第二个点(S)/放弃(U)/宽度(W)]:光标向下拖出垂直线,输入 20,回车,再次回车完成图形绘制。

在工程绘图中,基于多段线绘制的图形为一个对象的特点,如需用偏移命令进行偏移较复杂的图形对象时,可采用多段线命令绘制图形。

6.2.2 绘制箭头

AutoCAD 没有提供箭头绘制的专门命令,箭头的绘制是用多段线可实时设置线宽的特点来完成的,现以实例讲解其操作。

例 2 绘制图 6-5 的剖切投影符号。

分析:剖切投影符号是由一段粗实线、一段细实线及箭头组成。同理,为提高绘图效率,可开启正交功能,使用直接距离输入法绘制。

发出命令:PLINE

指定起点:以剖切符号直线下方端点为起点

指定下一个点或[圆弧(A)/半宽(H)/长度(L)/放弃(U)/宽度(W)]:W,回车

指定起点宽度〈0.00〉:0.5,回车

指定端点宽度〈0.50〉:回车

指定下一个点或[圆弧(A)/半宽(H)/长度(L)/放弃(U)/宽度(W)]:光标向上拖出垂直线,输入 5,回车

指定下一个点或[圆弧(A)/闭合(C)/半宽(H)/长度(L)/放弃(U)/宽度(W)]:W,回车

指定起点宽度〈0.50〉:0.25,回车

指定端点宽度〈0.25〉:回车

指定下一个点或[圆弧(A)/闭合(C)/半宽(H)/长度(L)/放弃(U)/宽度(W)]:鼠标向右拖出水平线,输入 6,回车

指定下一个点或[圆弧(A)/闭合(C)/半宽(H)/长度(L)/放弃(U)/宽度(W)]:W,回车

指定起点宽度〈0.25〉:2,回车

指定端点宽度〈2.00〉:0,回车

指定下一个点或[圆弧(A)/闭合(C)/半宽(H)/长度(L)/放弃(U)/宽度(W)]:鼠标向右拖出水平线,输入 4,回车,再次回车完成剖切投影符号的绘制。

6.2.3 用 PEDIT 命令将多个图形对象转化为一个对象

编辑多段线命令 PEDIT 在工程绘图中,常用于将多个图形对象合并为一个图形对象。

执行编辑多段线命令方式:单击"修改Ⅱ"工具栏"编辑多段线"图标,选择菜单"修改/对象/多段线",命令栏输入 PEDIT 回车。

操作过程:

发出命令:PEDIT

选择多段线或[多条(M)]:M,回车

选择对象:选取需转化为多段线的图形对象,回车

是否将直线、圆弧和样条曲线转换为多段线?[是(Y)/否(N)]〈Y〉:回车执行默认选项

输入选项[闭合(C)/打开(O)/合并(J)/宽度(W)/拟合(F)/样条曲线(S)/非曲线化(D)/线型生成(L)/反转(R)/放弃(U)]:J,回车

输入模糊距离或[合并类型(J)]〈0.00〉:回车

输入选项[闭合(C)/打开(O)/合并(J)/宽度(W)/拟合(F)/样条曲线(S)/非曲线化(D)/线型生成(L)/反转(R)/放弃(U)]:回车,即可将多个图形对象转化为一个图形对象。

6.3 绘制及编辑多线

多线是由许多平行线组成的一个图形对象,一条多线可以包含1至16条平行线,且可以具有不同的线型及颜色。在绘制工程图样时,如道路、管道及建筑物的墙体等均可用多线绘制。

6.3.1 设置多线样式

AutoCAD 默认的多线样式为两平行线,间距为20。用多线绘制图形前,应首先根据绘图具体情况的需要,设置多线的样式,现以实例讲解其操作。

例3 设置如图 6-6 所示的管道多线样式。

执行设置多线样式命令的方式:菜单"格式/多线样式…",命令栏输入 MLSTYLE,调出图 6-7 所示的多线样式对话框。

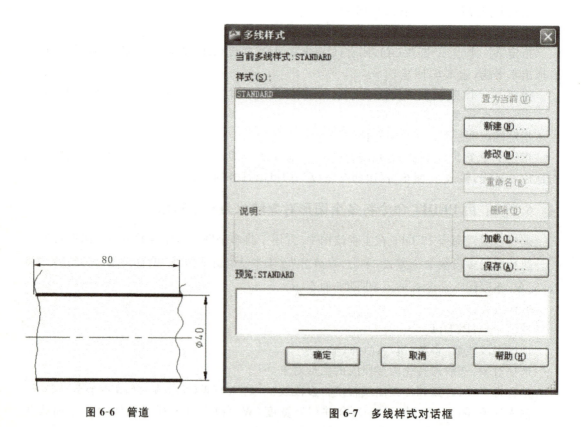

图 6-6 管道　　　　　　　图 6-7 多线样式对话框

操作步骤：

单击对话框中"新建"按钮，在出现的对话框中给新样式命名为"管道"，单击"继续"按钮调出图 6-8 所示的新建多线样式对话框。

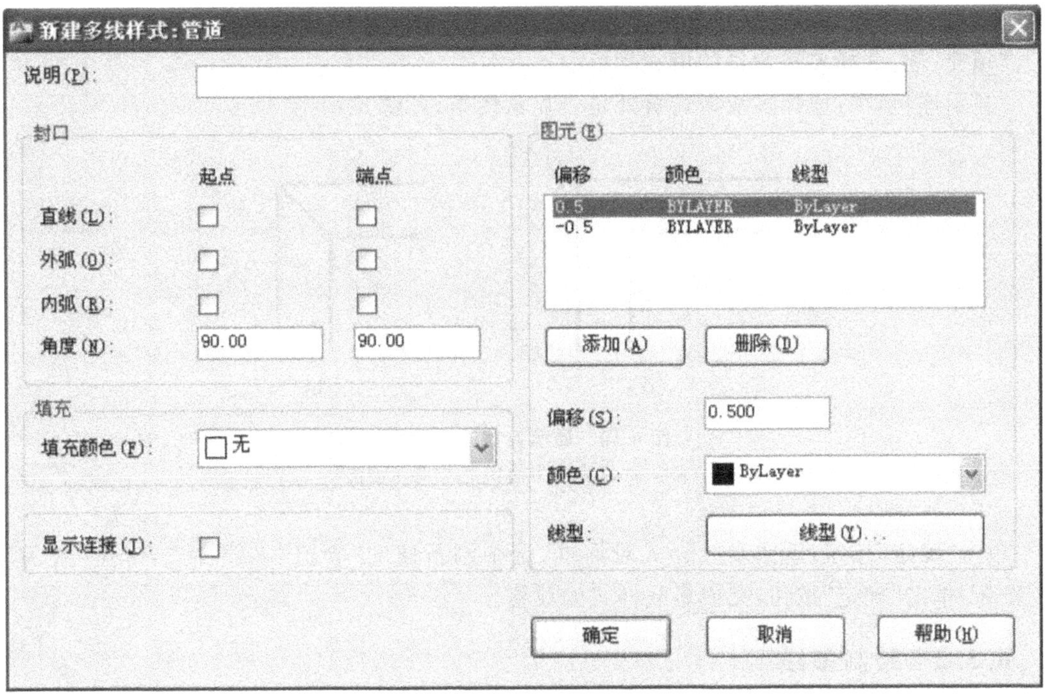

图 6-8　新建多线样式对话框

"说明"栏：输入对创建多线样式的说明。

"封口"项：封口项中的各个选项决定了多线两端的封口形状。"直线"用于设置两端封口形状为直线；"外弧"用于设置最外层两根线两端的弧形封口形状；"内弧"用于设置除最外层两根线以外其他直线的弧形封口形状，不同封口形式见图 6-9。"角度"用于设置两端封口的角度。

图 6-9　多线封口
(a)直线封口；(b)外弧封口；(c)内弧封口

本例中两端是画断裂线，故不用选择封口形式。

"图元"项："偏移"数值是指图线距中心的距离，AutoCAD 默认偏移距离的比例是 1∶20，即偏移数值乘以 20，本例中因管道直径为 40，故先后分别选中 0.5、−0.5，在下面"偏移"框中分别修改输入为1、-1;如果按实际距离输入偏移数值20及-20,则需在绘制多线时,将多线偏移距离比例改为1:1。单击"添加"按钮,在中心处添加一条线,该线的偏移数值0,选中该线,在下方单击"线型"按钮,在出现的"线型选择"对话框中,选择"CERTER"线型,CENTER线型的线宽问题,在后续绘图时,通过编辑修改图形对象特性来完成。"颜色"选项中可选择线条需要的颜色。

"填充"项:选择多线背景的填充颜色。

"显示连接"项:选择多线在转折处是否显示线条,见图6-10。

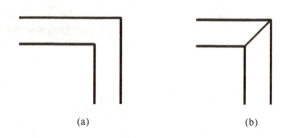

图 6-10　显示连接设置图例
(a)未选择"显示"连接;(b)选择"显示连接"

单击"确定"按钮,返回多线样式对话框,选中刚新建的"管道"多线样式,单击"置为当前"按钮,单击"确定"按钮,完成多线样式的设置。

6.3.2　绘制多线

执行绘制多线命令方式:选择菜单"绘图/多线",命令栏输入 MLINE 回车。

发出多线命令后,命令栏提示如下:

命令:_mline

当前设置:对正=上,比例=20.00,样式=STANDARD

指定起点或[对正(J)/比例(S)/样式(ST)]:

指定下一点:

指定下一点或[放弃(U)]:

指定下一点或[闭合(C)/放弃(U)]:

各操作选项含义如下:

对正(J):多线的对正的类型。选择该选项后,有三种对正类型,分别为:上(T)、无(Z)、下(B),"上"表示从左到右绘制多线时,光标位于多线最上方线条处;"无"表示绘制多线时,光标在多线的中心处;"下"表示从左到右绘制多线时,光标位于多线最下方线条处。

比例(S):设置的偏移距离与所画多线线宽之比,AutoCAD 默认的比例是 1:20,如果在设置多线样式时,偏移值按1:1的比例设置,则在绘制多线时,需执行该选项,此时命令栏提示:

指定起点或[对正(J)/比例(S)/样式(ST)]:　S,回车

输入多线比例〈20.00〉:　1,回车,即可将比例值修改为1:1。

样式(ST):确定绘制时的多线样式。默认样式是"STANDARD",如果在设置多线样式时,没有将所需绘制图形的多线样式"置为当前",则需执行该选项,此时命令栏提示:

指定起点或[对正(J)/比例(S)/样式(ST)]: ST,回车

输入多线样式名或[?]:

此时,可输入已有的多线样式名,也可输入"?"回车,显示已有的多线样式,从中选择。

现以实例讲解其绘制过程。

例4 绘制图 6-6 的管道图形。

绘制图形前,将需绘制的"管道"多线样式"置于当前",开启"正交"绘图模式。

操作过程:

发出命令:MLINE

指定起点或[对正(J)/比例(S)/样式(ST)]:J,回车选择多线的对正方式,AutoCAD 默认对正方式是"上"。

输入对正类型[上(T)/无(Z)/下(B)]:Z,回车选择居中对正。

指定起点或[对正(J)/比例(S)/样式(ST)]:指定起点,输入 80 回车,画出图 6-11 的图形。

注意:如果设偏移值时,按 1∶1 设置的偏移数值,则在此还需输入 S 回车重新设置偏移比例;如果没有将"管道"样式置为当前样式,则还需输入 ST 回车后,选择多线样式。

图 6-11 管道原始图形

单击修改工具栏"分解"图标,将图 6-11 的管道分解为三个对象,选定中心线后,通过对象特性工具栏将其线宽修改为 0.25。

单击绘图工具栏"样条曲线"图标,绘制管道两端的断裂线,即可完成图 6-6 的绘制。

6.3.3 编辑多线

执行多线编辑命令的方式:双击已绘制的多线图形,菜单"修改/对象/多线…",命令栏输入 MLEDIT 回车,均可调出图 6-12"多线编辑工具"对话框,按照图标显示的编辑方式,对多线的形状、剪切及相交方式进行编辑。编辑过程是先单击编辑图标,后选择多线对象。

注意:多线不能用 TRIM、BREAK 编辑命令修剪和断开。

如果要修剪多线可选择"T 型打开"命令进行修剪,见图 6-13。

发出"T 型打开"命令后,命令栏提示:

命令:_mledit

选择第一条多线:选择被修剪留下的多线 A1(不能选 A2)

选择第二条多线:选多线 B 为修剪边,即可完成图 6-13 所示的修剪。

如果要断开多线的一部分,选择"全部剪切"命令进行打断操作,见图 6-14。

发出"全部剪切"命令后,命令栏提示:

命令:_mledit

选择多线:在 A 点处选择多线

选择第二个点:选择 B 点,即可完成图 6-14 所示的多线打断。

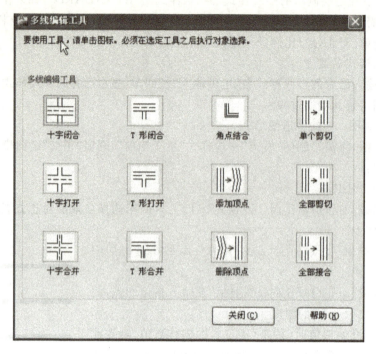

图 6-12　多线编辑工具对话框

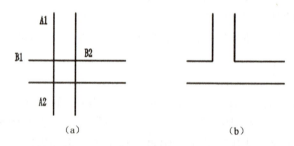

图 6-13　用"T型打开"修剪多线
(a)修剪前；(b)修剪后

图 6-14　用"全部剪切"打断多线
(a)打断前；(b)打断后

6.4 复习问答题

1. 简述绘制剖面线的步骤？
2. 绘制剖面线时，选择填充范围有几种方式？应注意什么问题？
3. 修改设置剖面线图案时，角度、比例何意？
4. 如何编辑修改剖面线？
5. 多段线有何特点？在工程制图中有何用途？
6. 如何设置多线样式？设置时，应注意什么问题？
7. 如何绘制及编辑多线？

6.5 练习题

1. 用直线（矩形）、倒角、修剪及填充命令画出图 6-15 的图形。

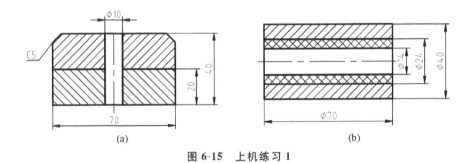

图 6-15　上机练习 1

2. 用多段线及其他绘图、编辑命令画出图 6-16 的图形。

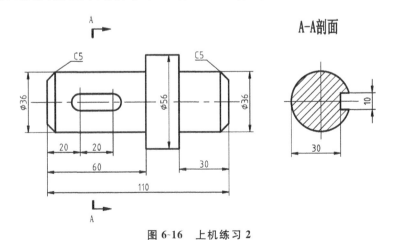

图 6-16　上机练习 2

3. 分别用多段线、偏移命令及直线、倒圆角、PEDIT、偏移命令画出图 6-17 图形。

4. 用多线命令画出图 6-18 图形。

5. 用多线、分解、样条曲线及特性修改命令画出图 6-19 图形。

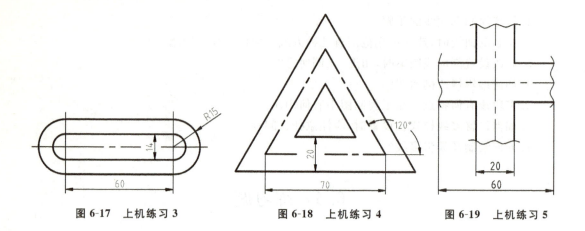

图 6-17　上机练习 3　　　图 6-18　上机练习 4　　　图 6-19　上机练习 5

第7章 文字标注与表格的使用

学习目标 了解 AutoCAD 使用的字体,熟知标注文字产生乱码的原因及解决办法。养成标注文字前按国家及行业标准要求设置文字样式的习惯,熟练掌握文字样式的设置、表格样式的设置及其使用。

学习重点 掌握设置文字样式的方法及要点。

学习难点 特殊符号的注写及表格的设置与编辑。

工程制图中不仅要绘制出图形,而且还要按要求注写文字和标注尺寸,例如技术要求、尺寸标注、粗糙度、标题栏及明细表等。因此,文本的标注是工程制图中的一项重要内容。

7.1 AutoCAD 可使用的文字

7.1.1 使用的文字类型

与一般的 Windows 应用软件不同,AutoCAD 软件可使用两种类型的字库,一是 AutoCAD 自带的形字体(SHX)字库,二是 Windows 操作系统的 TureType(TTF)字库。

形字体的扩展名是".SHX",占用资源少。TureType 字体的特点是字形美观,但占用计算机资源较多,其扩展名是".TTF"。

7.1.2 产生乱码的原因

某些情况下,打开 AutoCAD 图形时或绘图中输入文字、标注尺寸时会出现问号"?"或乱码,其原因可能是:

(1)缺少字库文件;

(2)没有正确地设置或选择文字样式。

为避免文字、尺寸数字乱码现象的出现,最好用 AutoCAD 软件及 Windows 系统自带的字库文件,不要加装其他字库,且正确的设置和使用文字样式。

7.2 设置文字样式

1.国家标准《技术制图字体》(GB/T 14691—93)规定:

(1)字体高度(用 h 表示)的公称尺寸系列为:1.8mm,2.5mm,3.5mm,5,7mm,10mm,

14mm,20mm。如需书写更大的字,其字体高度按$\sqrt{2}$的比率递增。字体的高度代表字体的号数。

(2)汉字应写成长仿宋体字,并应采用中华人民共和国国务院正式公布推行的简化字,汉字的高度 h 不应小于 3.5mm,其字宽一般为 $h/\sqrt{2}$。在同一图样上,只允许选用一种形式的字体。

2. 国家标准《CAD 工程制图规则》(GB/T 18229—2000)有关字体中规定:

CAD 工程图中所有的字体应按(GB/T 14691—93)要求,并应做到字体端正、笔画清楚、排列整齐、间隔均匀。

CAD 工程图的字体与图纸幅面的大小关系见表 7-1。

表 7-1 (mm)

图幅 字体	A0	A1	A2	A3	A4
字母数字	3.5				
汉字	5				

3. 国家标准《机械工程 CAD 制图规则》(GB/T 14665—1998)中,字体与图纸幅面的选用关系见表 7-2。

表 7-2 (mm)

图幅 字体	A0	A1	A2	A3	A4
汉字	5			3.5	
字母与数字					

用 AutoCAD 自带的 SHX 形字体注写的汉字与长仿宋体有一定的差异,因此,一般绘图前可设置两种文字样式,一种用 Windows 系统的 TrueType 字库设置用于注写汉字的中文样式,一种用 AutoCAD 自带的 SHX 字库设置用于标注尺寸数字的尺寸样式。

执行设置文字样式命令的方式:单击"样式"工具栏"文字样式"图标,选择菜单"格式/文字样式…",命令栏输入 STYLE 回车,均可调出如图 7-1"文字样式"对话框,对文字样式进行设置。

文字对话框中各项的含义:

"样式"项:框中列出了已有的文字样式。AutoCAD 默认样式为 Standard,有注释性的版本还有默认注释性样式 Annotative。

"字体"项:用于选择文字样式的字体,选择 SHX 字体及 TTF 字体时,出现的各选项会有所不同。见图 7-2。

"大小"项:"注释性"用于用 1:1 比例绘图,不同比例输出图样时的情形;"高度"用于设置文字的字号,指定高度后,采用该样式标注文字时,不可更改字体高度。

"效果"项:对文字的宽度比例及倾斜角度进行设置,还可选择文字是否颠倒或反向。

第 7 章 文字标注与表格的使用

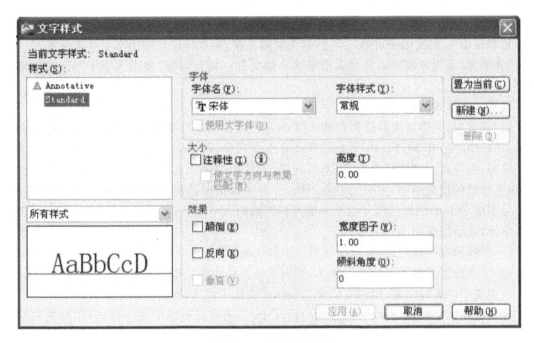

图 7-1 文字样式对话框

图 7-2 不同类型的字体字体项中的选项
(a)SHX 字体；(b)TTF 字体

7.2.1 设置注写汉字的文字样式

注写汉字的文字样式具体设置为：

发出命令：STYLE

在文字样式对话框中，单击"新建"按钮，在出现的"新建文字样式"对话框中命名为"仿宋体"，单击"确定"按钮，返回"文字样式"设置对话框，字体选宋体或仿宋_GB2312，字体样式为"常规"，高度保留默认值 0，宽度因子可选 0.7 至 1，关闭对话框，完成注写汉字的文字样式设置。

7.2.2 设置标注尺寸的文字样式

标注尺寸的文字样式具体设置为：

发出命令：STYLE

在文字样式对话框中，单击"新建"按钮，在出现的"新建文字样式"对话框中命名为"尺寸标注",单击"确定"按钮,返回"文字样式"设置对话框,字体可选 gbenor.shx 和 gbeitc.前者是正体,后者是斜体,勾选"使用大字体",在"大字体"下拉列表中选"gbcbig.shx"字体,高度保留默认值 0,宽度因子可选 0.7 至 1,关闭对话框,完成标注尺寸的文字样式设置。

"大字体"是为方块字语言国家指定的字体文件。只有勾选"使用大字体"后,才能选择大字体样式。

设置文字样式时应注意:

(1)设置时,字体高度最好保留默认值 0,标注时根据具体情况的需要选择其高度,亦即字号,国标中字号有 20、14、10、7、5、3.5、2.5、1.8 八种,可根据行业标准要求选用。如果设置了字高,则字高在使用时为常量,不可选择,给使用者带来麻烦。在注写标题栏中的文字时,由于各栏的栏高不同,文字大小亦不同,一般可视情况选用 7、5、3.5 字号,注写汉字时,其字号不应小于 3.5;标注尺寸数字一般可视图幅的大小,选用 3.5 或 5 字号,0 及 1 号图幅用 5 字号,其余图幅用 3.5 字号。

(2)字体前有@符号的,是竖向注写文字样式的字体。

(3)字体的宽度因子不能设的太小,否则文字及尺寸数字不能正常显示。

使用文字样式时注意:用注写中文文字样式去标注尺寸,有时会产生乱码。

如要删除文字样式,可在文字样式对话框中,右击所需删除的文字样式,在出现的快捷菜单中,选择删除。注意:正在使用的文字样式不能删除。

7.2.3　注释性文字样式

用 AutoCAD 绘制工程图样的方式一般有两种:一是与手工绘图一样,确定比例,选定图幅大小后,按一定的比例绘图;另一种方式是:无论其大小,均按 1∶1 的比例绘图,在出图时,按照一定的比例缩放图样,打印到所需的图幅上。但后者存在一个问题:缩放出图时,原标注的文字、尺寸会出现过小或过大的情况。在没有注释性文字样式之前采用的方法是,在标注文字和尺寸时,按同等的出图比例缩放设置文字的大小。注释形的文字样式的出现,可方便地解决此问题。

注释性文字样式的作用是匹配在缩放出图时,同步放大或缩小文字的显示。如:用 1∶1 的比例绘图,图形打印的比例为 1∶4(打印图纸 1,绘图图形为 4),即将图形缩小 4 倍打印到图纸上,在状态栏中,选择注释性比例亦为 1∶4 ，将文字在打印后的显示大小放大四倍。因此,采用用 1∶1 的比例绘图,采用不同的输出比例时,一定要选择注释性文字样式。

注释性文字样式的设置与前述的设置中文样式和尺寸样式相同,不同点仅是在文字样式设置对话框"大小"项中,勾选"注释性"即可,注释性文字样式前均带有 图案。

7.3　标注文字

标注文字前要设置一个单独的"文字"或"标注"图层,线宽最好不超过 0.25。标注文字的样式,可在图 7-3 的"样式"工具栏下拉列表中选择所需标注的文字样式。

第 7 章 文字标注与表格的使用

图 7-3 样式工具栏

AutoCAD 标注文字有两种方式:单行及多行文字标注。

7.3.1 单行文字标注

执行命令的方式:单击"文字"工具栏中的单行文字图标 **A**,菜单"绘图/文字/单行文字",命令栏输入 DTEXT(DT)回车。

操作过程:

发出命令:DTEXT

指定文字的起点或[对正(J)/样式(S)]:指定起点

指定高度〈2.5〉:5,回车

指定文字的旋转角度〈0〉:回车

输入文字后,回车,换行,再次回车,结束单行文字输入。

发出命令后,输入 J,命令行提示:

[对齐(A)/布满(F)/居中(C)/中间(M)/右对齐(R)/左上(TL)/中上(TC)/右上(TR)/左中(ML)/正中(MC)/右中(MR)/左下(BL)/中下(BC)/右下(BR)]:

这些选项用于对文字的对正方式进行选择,决定字符的哪一部分与指定基点对齐。对正选项中,各选项的对正方式如图 7-4 所示。

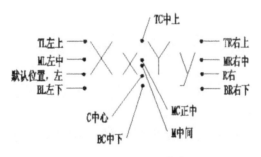

图 7-4 文字对正方式

常用选项的含义如下:

"对齐(A)"选项:指定文字的起点与终点位置,根据距离及字符的个数,按文字样式的宽度比例,自动计算字高写入文字。

"调整(F)"选项:指定文字的起点与终点位置,根据距离及字符的个数,自动计算字的宽度,并用给定的字高写人文字。

如果标注前未选择文字样式,可执行"样式(S)"选项,选择所需的文字样式。

单行文字输入的文字每一行为一个对象。

7.3.2 多行文字标注

多行文字标注是通过编辑器对话框实现的,可以标注较为复杂的文字内容及同时标注不同字号的文字,其编辑选项比单行文字标注多。

执行命令的方式:单击"绘图"工具栏中的多行文字图标 A,菜单"绘图/文字/多行文字…",命令栏输入 MTEXT(MT)回车。

操作步骤:

发出多行文字命令:MTEXT

指定第一角点:在需标注文字处指定一点

指定对角点或[高度(H)/对正(J)/行距(L)/旋转(R)/样式(S)/宽度(W)/栏(C)]:指定对角点,调出图 7-5 的多行文字编辑器,对多行文字进行标注。标注完成后,单击"确定"按钮,完成多行文本的输入。从图 7-5 可知,多行文字编辑器可对文字进行多种编辑,其编辑方式与其他文字软件编辑类似。

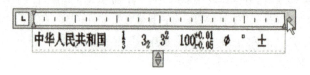

图 7-5 多行文字编辑器

在选择多行文字输入范围时应注意:选择框的宽度决定了文字输入的宽度。如果要改变选择框的宽度,可将光标放在文字输入框标尺右侧,出现双向箭头时拖动即可改变选择框的宽度。

与单行文字输入不同,多行文字整体是一个对象。

在单行文字及多行文字输入时,均可通过复制、粘贴的方式,将外部文字导入到 AutoCAD 中。

7.3.3 特殊符号标注

在工程制图中,有时会遇到一些专业特殊符号的输入,单击多行文字编辑器"符号"图标 @,在其下拉列表中可选择输入需要的符号,如果选择"其他"选项可调出图 7-6 的字符映射表,选中表中所需符号,依次点击"选择"和"复制"按钮,然后在多行文字编辑器文字输入框中所需标注处右击,在出现的快捷菜单中,选择粘贴即可。

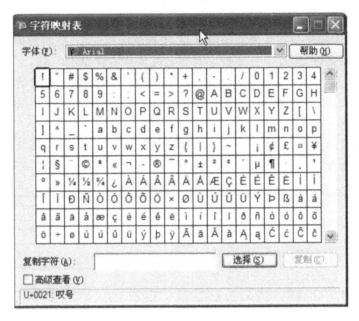

图 7-6 字符映射表

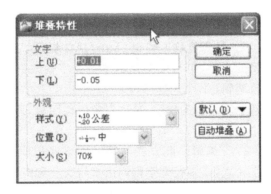

图 7-7 堆叠特性对话框

有些特殊符号的输入,需手动输入操作。

1. 分数输入

三分之一输入的操作过程:

在多行文字编辑器文字框中,输入 1/3,用光标选中 1/3,然后点击堆叠图标。

2. 上标及下标输入

操作过程:

如需标注 3^9,在多行文字编辑器文字框中,输入 39^,选中 9^,点击堆叠图标即可。

如需标注 3_9,在多行文字编辑器文字框中,输入 3^9,选中 ^9,点击堆叠图标即可。

3. 尺寸公差

如需标注 $100^{+0.01}_{-0.02}$，在多行文字编辑器文字输入框中，输入 100＋0.01^－0.02，光标选中"＋0.01^－0.02"，点击堆叠图标。

AutoCAD 默认标注公差数值是居中对齐，工程制图标注中，公差数值是下对齐，因此需改变公差数字的对正方式，改正公差数字对齐方式操作方法是：在多行文字编辑器中，进行下述操作：选中"公差数值/右击/堆叠特性"，调出图 7-7 的堆叠特性对话框，可重新选择设置公差数值字体大小、数值文字样式及对齐方式等。

4. 常用标注符号的代码

常用标注符号的代码见表 7-3，与上述需堆叠的符号输入不同，单行文字、多行文字输入中均可使用代码输入。

表 7-3 常用符号标注代码

字符代码	标注的字符
%%C	直径"φ"
%%D	角度"°"
%%P	正负公差"±"

7.4 编辑文字

工程制图中输入的文字往往需要修改编辑，AutoCAD 提供了多种修改编辑的方式：

(1) 双击所需修改编辑的文字，单行文字调出单行文字输入框，多行文字则调出多行文字编辑器，对文字进行修改编辑。

(2) 对象特性图标。选中需编辑的文字，单击对象特性图标，调出对象特性选项板，对文字进行编辑。

(3) 菜单：修改/对象/文字/编辑。此方式与第一种方式相同，用选择框选中标注的文字，单行文字调出单行文字输入框，多行文字则调出多行文字编辑器，对文字进行修改编辑。

(4) 文字工具栏编辑图标。调出文字工具栏，单击"编辑"图标，用选择框选中标注的文字，单行文字调出单行文字输入框，多行文字则调出多行文字编辑器，对文字进行修改编辑。

(5) 命令栏输入 DDEDIT 回车。用选择框选中标注的文字，单行文字调出单行文字输入框，多行文字则调出多行文字编辑器，对文字进行修改编辑。

7.5 表格的使用

7.5.1 设置表格样式

使用表格前，先要按需要设置表格样式。

执行命令的方式：单击"样式"工具栏表格样式图标，选择菜单"格式/表格样式…"，命令栏输入 TABLESTYLE 回车，均可调出图 7-8 表格样式对话框，对表格式样进行设置。

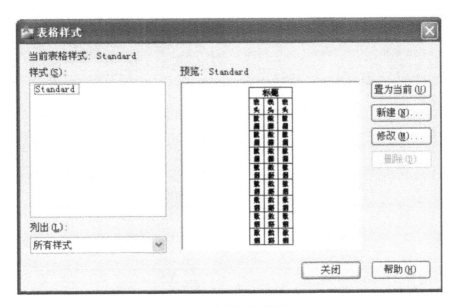

图 7-8　表格样式对话框

AutoCAD 默认表格的样式是 Stanard，现以绘制图 7-9 的简化标题栏为例，分别阐述表格其设置、绘制及编辑步骤。

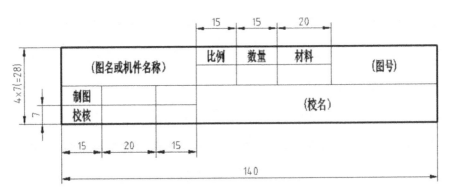

图 7-9　简化标题栏

设置步骤：

命令：TABLESTYLE

(1)单击图 7-8 表格样式对话框中的"新建"按钮，在出现的对话框中命名"标题栏"，单击"继续"按钮，调出图 7-10 新建表格样式对话框。

(2)在图 7-10 中，单元样式选"数据"，常规选项中，对齐选"正中"，页边距改设为 0.5；在

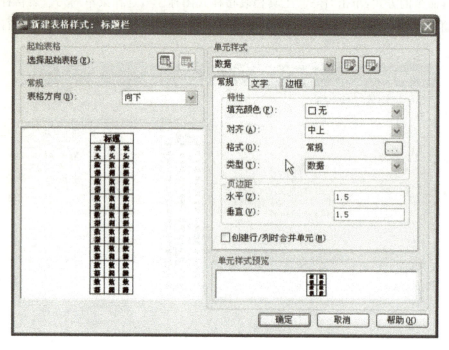

图 7-10 新建表格样式对话框

文字选项中,文字样式选中文样式,字高设置为 3.5;边框选项中,选四周均有边线。其余可保留默认选项。单击"确定"按钮,完成表格的设置。

设置表格样式时注意:

由于表格每行高度为 7,字高设置为 3.5,而默认的表格页边距为 1.5,因此需要修改页边距为 0.5,一般字高加页边距的数值要小于表格的高度约 2 左右,否则标注文字后将会自动改变表格的行高。

7.5.2 绘制表格

绘制表格时应注意:AutoCAD 表格格式默认上方有标题和表头两行,2014 版可将标题及表头改成数据行。而 2006 版之前的版本,标题行是不能改为数据行的,故如不需要标题及表头行的,2014 版在行数设置上则需加上这两行,而 2006 版前的则只能加一行,且保留标题行。

执行命令的方式:单击绘图工具栏"表格"图标 ,菜单"绘图/表格",命令栏输入 TABLE 回车,均可调出图 7-11 插入表格对话框。

绘制图 7-9 简化标题栏的操作过程:

"表格样式"列表框中,列出了已有的表格样式,选刚设置的"标题栏"样式。

"插入方式"项中,用默认的"指定插入点"。

"插入选项",用默认的"从空表格开始"。

"列和行设置"项中,列数选 7,行数选 2。

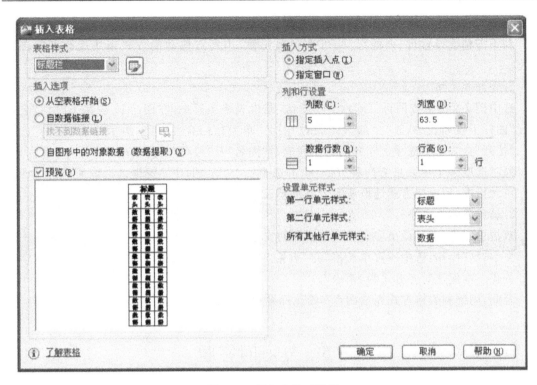

图 7-11　插入表格对话框

"设置单元样式"项中,将"第一行单元样式"及"第二行单元样式"通过下拉列表均选为"数据",单击"确定"按钮,将标题栏表格插入绘图区域。

插入表格时,单元格中的文字内容是用多行文字编辑器进行标注的,按方向键可前后、左右切换单元格输入文字。

有时在输入绘图比例时,输入的却是时间,其原因是数据的格式是日期,需进行修改;单击单元格,调出图 7-12 所示表格工具栏,在"数据格式"图标下拉列表中选择"文字"类型即可。

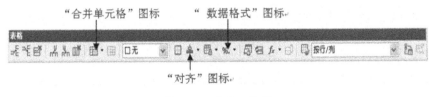

图 7-12　表格工具栏

7.5.3　编辑表格

1.编辑设置行高及每列的列宽

选中单元格,单击对象特性图标,调出对象特性选项板,设行高为 7,分别选中每列的单元格,按图 7-9 给定的尺寸,设置各列的列宽。

如不需精确设置行、列的尺寸,可选中单元格,用夹点拖动的方式来快速改变行高及列宽。

2. 合并单元格

选中图 7-9 左上方两行三列六个单元格,调出表格工具栏,在图 7-12 表格工具栏"合并单元"图标下拉列表中,选"全部",完成对"图名"单元格的合并,下拉列表中有"全部"、"按行"、"按列"合并三个选项。同样的操作完成对"图名"及"校名"单元格的合并。

同时选取多个单元格有两种方法:单击选中一个,按 SHIFT 键继续选取所需的单元格或在单元格内,用窗交方式选取所需合并的单元格。

3. 编辑单元格文字

双击单元格,即可调出多行文字编辑器对文字内容进行修改。

文字对齐操作:选中所有单元格,在"表格"工具栏"对齐"图标下拉列表中,选择文字的对齐方式。本例选对齐方式为"正中"。

至此,用绘制表格方式完成图 7-9 简化标题栏的绘制。

7.6 复习问答题

1. 在打开 AutoCAD 文件或输入文字时,出现乱码可能是哪些原因造成的?

2. 一般要设几种文字样式? 如何设置文字样式? 在设置过程中,是否设置字高? 为什么? 字体前有@的文字样式有何功能? 如何选择使用已设置的字体样式?

3. 标注文字一般有几种方式? 单行文字与多行文字标注有何区别?

4. 分数、上标及下标、尺寸公差、直径、度、正负符号如何输入?

5. 编辑文字一般有几种方式?

6. 如果不需要表格的标题及表头栏,设置表格行数时,应注意什么问题?

7. 改变表格的行高及列宽有几种方式? 输入文字后,如果改变了行高,可能是什么原因造成的?

8. 合并单元格如何操作?

7.7 练习题

1. 分别设置一个注写汉字的文字样式和一个标注尺寸的文字样式。

2. 注写下列文字或符号。提示:注意不同标注数字堆叠后数字对齐的差异。

$$\frac{7}{15} \quad 20^5 \quad \phi 30^{H7}_{T6} \quad \pm 45° \quad 文献^{[4]} \quad \phi 99^{+0.047}_{+0.012}$$

2.绘制图 7-13 所示明细栏。

8	40	44	8	38	10	12	20	
4	HGXY-0404	支架	1	45	21	21		7
3	HGXY-0403	摇臂	1	45	10	10		7
2	HGXY-0403	护板	2	45	5	10		7
1	HGXY-0402	底座	1	HT200	56	56		7
序号	代号	名称	数量	材料	单件	总计	备注	14
					重量(KG)			

图 7-13 明细栏

4.用 A4 图幅绘制图 7-14,标题栏要求用表格进行绘制,具体尺寸见图 7-9,不用标注尺寸。

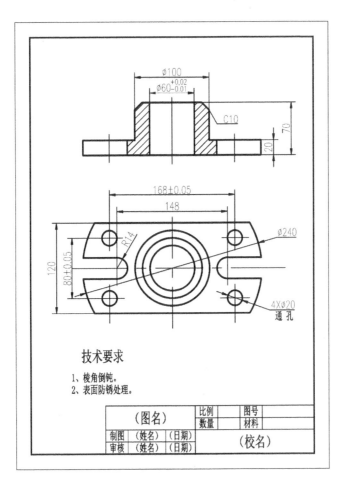

图 7-14

第8章 尺寸标注

学习目标 熟练掌握设置符合国家或行业绘图标准的尺寸标注样式,熟练地标注各类尺寸。
学习重点 尺寸样式的设置,各类尺寸的标注及编辑。
学习难点 多重引线的设置及倒角标注。

尺寸标注是工程制图中的重要组成部分,国标(GB/T 4458—2003)规定:"机件的真实大小以图样上所注的尺寸数值为依据,与图形的大小及绘图的准确度无关"。为了能正确、便捷地标注尺寸,在尺寸标注前,首先要建立标注尺寸的环境。

8.1 建立尺寸标注环境

建立尺寸标注的环境,一般包括以下几个方面:
1. 设置一个独立的标注图层
标注尺寸前需设置一个"标注"图层,线型为 Continuous,线宽≤0.25。
2. 设置相应的标注文字样式
按国家或行业标准的要求,设置标注尺寸数字的文字样式。
3. 设置相关点的自动对象捕捉
按标注尺寸时所需标注的尺寸界线或尺寸线两端的点,设置并打开相应点的自动对象捕捉。
4. 设置符合国家或行业标准的尺寸标注样式
设置尺寸标注样式主要是控制尺寸线、尺寸界线、尺寸线终端(箭头)和尺寸数字的外观形式及位置,尺寸的组成见图 8-1。

国标(GB/T 4458—2003)、(GB/T 16675.2—1996)规定:
(1)尺寸界线
尺寸界线用细实线绘制,并应由图形的轮廓线、轴线或对称中心线引出。也可利用轮廓线、轴线或对称中心线作尺寸界线。
尺寸界线一般应与尺寸线垂直,且超出尺寸线终端 2~3mm,必要时才允许倾斜。
(2)尺寸线
尺寸线用细实线绘制,而不能用其他图线代替,也不能与其他图线重合,尺寸线不能相

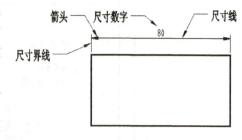

图 8-1 尺寸的组成

第 8 章 尺寸标注

互交叉,也要避免与尺寸界线交叉,同方向尺寸线之间距离应均匀,间隔 7~10mm。

(3) 尺寸线终端

尺寸线终端有箭头和斜线两种形式,箭头长度≥6d,箭头的宽度=d;斜线与水平线夹角为 45°,高度等于字体的高度。当尺寸线与尺寸界线相互垂直时,同一张图样只能采用一种尺寸线终端形式。

圆的直径和圆弧半径的尺寸线的终端应画成箭头。

对称机件只画了一半或大于一半时,尺寸线应略超对称线,仅在一端画出箭头。

没有足够位置画箭头或注写数字时,允许用圆点或斜线代替箭头。

(4) 尺寸数字

线性尺寸数字一般注写在尺寸线的上方或左方,也允许注写在尺寸线的中断处。应避免在垂直线 30°范围内注写。

角度的数字一律水平注写。必要时可引出注写。

尺寸数字不能被任何图线通过,否则应断开该图线。

(5) 标注尺寸的符号及缩写词见表 8-1

表 8-1 标注尺寸的符号及缩写词

序号	含义	符号或缩写词	序号	含义	符号或缩写词
1	直径	φ	8	正方形	□
2	半径	R	9	深度	▼
3	球直径	Sφ	10	沉孔	⊔
4	球半径	SR	11	埋头孔	∨
5	厚度	t	12	弧长	⌒
6	均布	EQS	13	斜度	∠
7	45°倒角	C	14	锥度	◁

标注符号的比例画法见图 8-2,符号的线宽为 $h/10$。

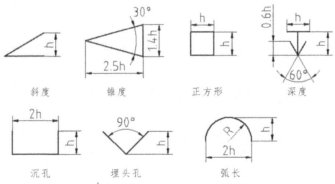

图 8-2 标注尺寸符号的比例画法

建立尺寸标注环境中,前三个方面的内容在前述的章节已讲述,这里主要讲述设置尺寸标注样式。

8.2 设置尺寸标注样式

尺寸标注样式的设置,是通过"标注样式管理器"对话框来实现的。

执行设置尺寸标注样式的命令方式:单击标注工具栏或样式工具栏中的"标注样式"图标,菜单"格式/标注样式",命令行输入 DDIM 回车,均可调出图 8-3 标注样式管理器对话框,对话框中选项含义如下:

"置为当前"按钮:将样式列表中选中的样式置为当前样式(也可在样式工具栏上直接选取)。

"新建"按钮:创建新的尺寸标注样式。

"修改"按钮:打开"修改标注样式"窗口,将对所选中的尺寸标注样式进行修改。

"替代"按钮:用于设置当前样式的替代样式,打开"替代当前样式"窗口,对替代样式进行设置。

"比较"按钮:比较两个尺寸标注样式所设参数的异同。

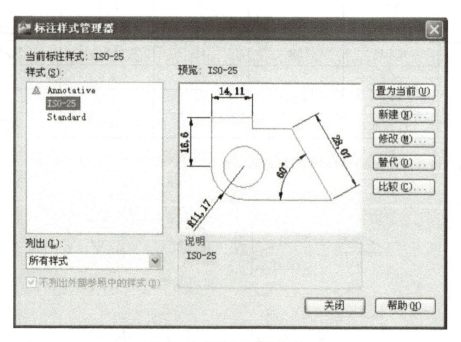

图 8-3　标注样式管理器对话框

工程绘图中,尺寸样式的设置一般包含三部分:主尺寸样式设置、子尺寸设置及根据具体图形标注所需的其他尺寸标注样式设置。

主尺寸样式设置是指设置工程图样标注中大部分尺寸的标注样式,子尺寸设置是针对标注中,有某些不同要求的尺寸设置,如国家标准规定:角度标注中,其角度数值无论在何处,均水平注写。其他尺寸样式的设置是根据标注图形对象的具体情况来进行设置。如:需标注尺寸公差时,需设置具体的尺寸公差标注样式;非圆图形的线性尺寸需加直径符号 Φ 时,需设置线性直径标注样式等等。

下面以创建名为"GCZT"的尺寸标注样式为例来说明主尺寸样式及子尺寸的设置。

8.2.1 设置主尺寸标注样式

主尺寸样式设置步骤:

(1)发出命令:DDIM 调出图 8-3"标注样式管理器"对话框。

(2)单击"新建"按钮,调出图 8-4 创建新标注样式对话框,在"新样式名"中命名"GCZT","基础样式"选"ISO-25","用于"下拉列表中,选"所有标注"。如要创建"注释性"尺寸样式的话,则可勾选"注释性"。单击"继续"按钮,调出图 8-5 新建标注样式对话框。

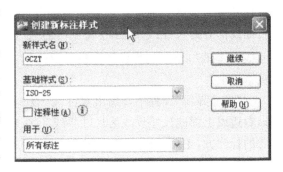

图 8-4 创建新标注样式对话框

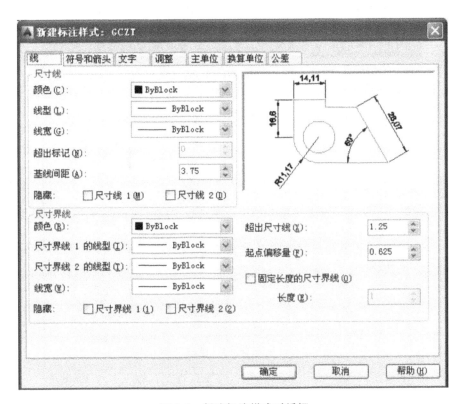

图 8-5 新建标注样式对话框

AutoCAD 默认的样式有:"ISO-25"、"Standard"及注释性样式"Annotative",选择基础样式时需注意:选择不同样式作为尺寸样式设置的基础样式,AutoCAD 有的选项的默认值会有所不同。

(1)"线"选项卡

"线"选项卡用于设置尺寸线和尺寸界线的形式与位置。选项卡中内容见图 8-5,部分选项的含义见图 8-6。

"尺寸线"设置中,"基线间距"是指在基线标注中,两尺寸线之间的距离,一般视尺寸标注中所使用的文字高度而定,一般设置时需超过使用文字高度 3～5。尺寸线 1、尺寸线 2 是将一根尺寸线分为两部分,左边或下面的尺寸线部分为尺寸线 1,右边或上面的尺寸线部分为尺

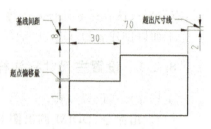

图 8-6 "线"选项卡部分选项含义

寸线 2,是否"隐藏"视标注图形的需要选择,主尺寸样式中一般不勾选。其他的设置可采用默认选项。

"尺寸界线"设置中,"超出尺寸线"设 2～3。同理,左边或下边的尺寸界线为尺寸界线 1,右边或上面的尺寸界线为尺寸界线 2,在标注不完整的图形时会用到隐藏尺寸线及尺寸界线的标注方,主尺寸样式中一般不勾选。其他的选项均可采用默认设置。

(2)符号和箭头选项卡

符号和箭头选项卡用于设置箭头、圆心标记及有关标注的形式。选项卡中的内容见图 8-7。箭头大小国家标准(GB/T 4458.4—2003)规定≥$6d$,d 为粗实线线宽,这里可设 3～

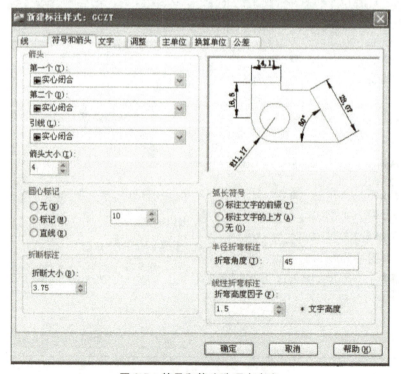

图 8-7 符号和箭头选项卡内容

6。圆心标记可设为10(通过圆心标记设置可标注圆心中心线,也可解决绘制圆时,中心线短划相交问题)。半径标注折弯可设为45°(有的AutoCAD的默认值是90°)。其他选项一般情况下,均可采用默认设置。

"半径折弯标注"用于标注圆弧较大,不能指明其中心点的情况,见图8-8。

"折断"标注用于尺寸线、尺寸界限与其他图线相交时,打断尺寸线或尺寸界线,见图8-9,折断框中所设的数值即是打断距离 h 的大小。

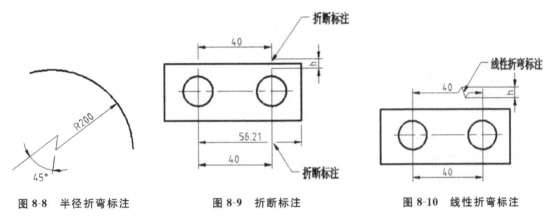

图 8-8　半径折弯标注　　　图 8-9　折断标注　　　图 8-10　线性折弯标注

"线性折弯标注"中,折弯高度因子与字高的乘积即为图8-11中折弯高度 h 的大小。

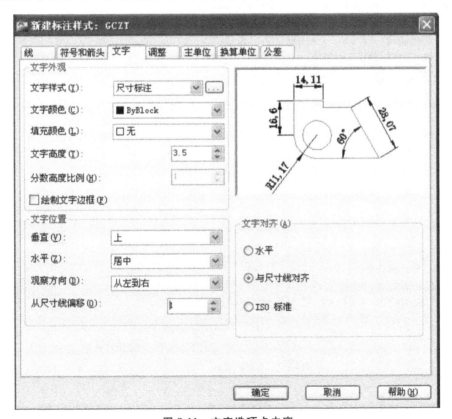

图 8-11　文字选项卡内容

(3) 文字选项卡

文字选项卡内容见图 8-11。"文字外观"中,"文字样式"选前面所设的"尺寸标注"样式,文字高度一般设 3.5,A0、A1 图幅可选 5;"文字位置"中,"从尺寸线偏移"是指标注的尺寸数字与尺寸线之间的距离,可选 1 或保持默认值 0.625,其他选项均可采用默认设置。"垂直"下拉列表中,上、居中、下的文字标注的位置见图 8-12;JIS 是指按 JIS 的规则放置尺寸数字。

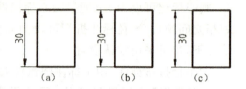

图 8-12　文字垂直位置各选项图例
(a)上；(b)居中；(c)下

"文字对齐"中,采用默认的"与尺寸线对齐"。"ISO 标准"对齐方式是指：当尺寸数字在尺寸界线之间时,方向与尺寸线方向一致,当尺寸数字在尺寸界线之外时,尺寸数字水平放置。

(4) 调整选项卡

调整选项卡中的内容见图 8-13。在主尺寸样式设置中,各选项均可采用默认值。"标注特征比例"选项中"使用全局比例"的数值,可改变标注尺寸箭头及尺寸数字的显示大小,一般情况下,不用修改,对于某些特殊情况下,尺寸数字显示较小时,可设置相应数值,使尺寸正常显示；"注释性"可根据绘图及出图情况选择。

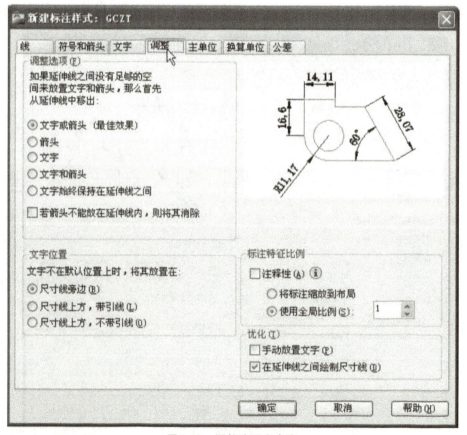

图 8-13　调整选项卡内容

(5)主单位选项卡

主单位选项卡用于设置单位的格式、精度、标注数字的前缀和后缀及标注尺寸的比例因子。选项中的内容见图 8-14。

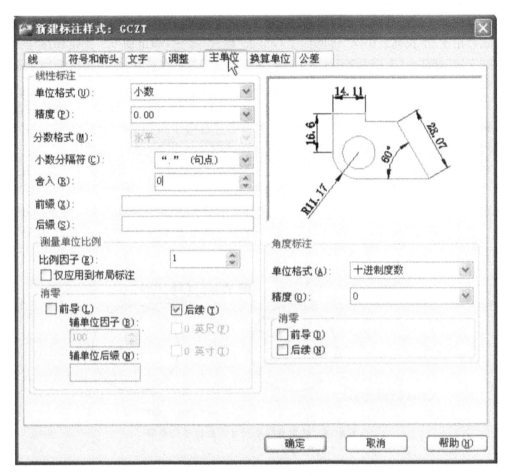

图 8-14 主单位选项卡内容

"小数分隔符"选项中,将逗点改为句点;"测量单位比例"选项中的"比例因子"用于控制标注尺寸时,实际的绘图尺寸数值与标注尺寸数值之间的比例,其设置需根据绘图比例而定;用 AutoCAD 标注尺寸时,尺寸数值是自动测量标注的,故采用 1∶2 的比例绘图时,比例因子应设为 2,采用 2∶1 的比例绘图时,比例因子应设为 0.5。用 1∶1 比例绘图时,采用默认值。

主尺寸设置中,"换算单位"选项卡及"公差"选项卡不用设置,至此完成"GCZT"主尺寸样式的设置。

8.2.2 设置子尺寸

子尺寸设置一般应设置角度和直径子尺寸,其他的子尺寸可根据标注的实际情况需要来设置。

1. 角度子尺寸设置

设置步骤：

在图 8-3 标注样式管理器对话框中,选中主尺寸样式 GCZT,单击"新建"按钮,在图 8-4 创建新标注样式对话框中,"新样式名"中无需命名,"基础样式"中选主尺寸"GCZT"作为基础样式,"用于"下拉列表中选"角度标注",单击"继续"按钮,调出图 8-5 新建标注样式对话框,在"文字"选项卡"文字对齐"选项中,选"水平",单击"确定"按钮,完成角度子尺寸设置。

2. 直径子尺寸设置

在图 8-3 标注样式管理器对话框中,选中主尺寸样式 GCZT,单击"新建"按钮,在图 8-4 创建新标注样式对话框中,"新样式名"中无需命名,"基础样式"中选主尺寸"GCZT","用于"下拉列表中选"直径标注",单击"继续"按钮,调出图 8-5 新建标注样式对话框。

在"调整"选项卡的"调整选项"中,将主尺寸中的"文字或箭头（最佳效果）"改为选"文字和箭头",在"优化"选项中,勾选"手动放置文字"。

在"文字"选项卡中,如需要标注的尺寸数字在圆图形外水平放置,"文字对齐"可选"ISO 标准",单击"确定"按钮,完成直径子尺寸设置。设置直径子尺寸前后标注差异对照,见图 8-15。

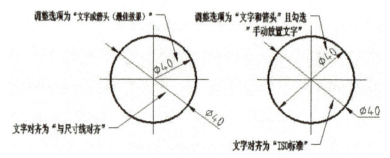

图 8-15 设置直径子尺寸前后标注的差异

设置子尺寸时应注意:在图 8-4 创建新标注样式对话框中,无需命名,且以主尺寸作为子尺寸的基础样式,在"用于"下拉列表中选择所需的子尺寸便可。

至此,完成"GCZT"尺寸样式的设置。

8.2.3 设置尺寸公差及线性直径标注样式

在工程制图标注尺寸时,常常要标注尺寸公差及在非圆视图上标注直径,可以用在文字标注中介绍的方法进行标注,如果图样中此类尺寸较多,用设置尺寸公差样式及线性直径标注样式的方式来标注更为简便快捷。

1. 设置尺寸公差样式

尺寸公差的标注一般有两种方式,一是用前述的特殊符号输入方式输入,二是用设置尺寸公差样式进行标注。

设置尺寸公差标注样式的步骤:

在图 8-3 标注样式管理器对话框中,单击"新建"按钮,在图 8-4 创建新标注样式对话框中,"新样式名"中以公差值命名;"基础样式"下拉列表中,选主尺寸"GCZT"作为基础样式;"用于"下拉列表中,选"所有标注";单击"继续"按钮,调出图 8-14 新建标注样式对话框,"公差"选项卡中的内容见图 8-14。可按绘图需要,选择相应的公差标注方式。

"公差格式"选项组中,"方式"下拉列表中有"对称"、"极限偏差"、"极限尺寸"、"基本尺寸"四种尺寸公差形式,常用的是"对称"和"极限偏差"形式。公差精度通常保留三位小数。

现以设置图 8-17 中的对称尺寸公差和极限偏差样式来说明其设置操作。

(1) 对称公差样式设置:见图 8-16 公差选项卡内容,在"公差格式""方式"下拉列表中,选择"对称";按公差值所需小数点选择精度,这里选择小数点后两位;在"上偏差"中输入公差数值 0.05;其他保留默认设置即可。

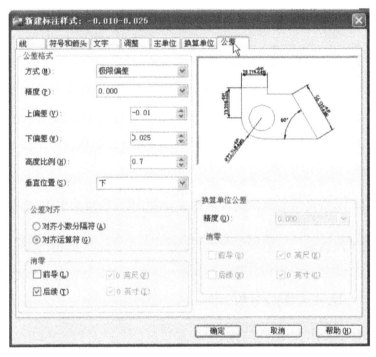

图 8-16 公差选项卡内容　　　　图 8-17 尺寸公差形式

(2) 极限偏差样式设置:因为公差小数点保留后三位,故在"主单位"选项卡中,精度的小数点位数选择保留三位。"公差格式""方式"下拉列表中,选择"极限偏差";"精度"选择小数点后三位;分别在"上偏差"框中输入"-0.010"、"下偏差"框中输入"0.025","高度比例"指公差数字的高度与基本尺寸数字高度的比值,这里设为 0.7。注意:在"极限偏差"方式中,默认上偏差值为正,下偏差值为负;其他保留默认设置即可。

设置尺寸公差样式时应注意:

① 每一个公差尺寸,需设置一个样式。

② 设置时以主尺寸为基础样式,以公差值命名。以公差值命名可方便在标注时选择所需的尺寸公差样式。

③ "主单位"选项卡中,精度的小数点位数决定了公差的精度位数。因为主尺寸中的精

度是保留1~2位小数,因此在设置尺寸公差样式时,需根据尺寸公差的精度位数,修改"主单位"选项卡中的标注精度的小数位数。

2. 设置线性直径标注样式

在工程制图中,经常会遇到在非圆的视图上标注直径φ,个别的可用手动输入的方式输入直径代码进行标注,如果线性直径尺寸较多,可设置线性直径样式快速进行标注。

设置线性直径尺寸注样式步骤:

在图8-3标注样式管理器对话框中,选中主尺寸样式GCZT,单击"新建"按钮,在图8-4创建新标注样式对话框中,"新样式名"中命名"线性直径","基础样式"下拉列表中选主尺寸"GCZT","用于"下拉列表中选"所有标注",单击"继续"按钮,调出图8-5新建标注样式对话框,在"主单位"选项卡"线性标注"选项的"前缀"框中,输入％％C,单击"确定"按钮,即可完成线性直径标注样式的设置。

8.3 尺寸标注样式的使用与删除

1. 尺寸标注样式的使用

在"标注"工具栏或"样式"工具栏中,从"标注样式控制"下拉列表中选取所需标注的尺寸样式。

2. 尺寸标注样式的删除

在"标注样式管理器"对话框中,右击所需删除的尺寸样式,在出现的快捷菜单中,选择"删除"。

注意:正在使用的尺寸样式不能删除。

8.4 标注尺寸

在标注尺寸前,应按前述要求建立尺寸标注的环境,并切换到标注图层进行尺寸标注操作。另外重要一点是:AutoCAD默认是自动测量尺寸数值并进行标注的,因此,如果不是按1∶1比例绘图,在标注尺寸前一定要根据绘图比例,在尺寸标注样式中设置相应的比例因子数值。绘图标注尺寸时,一般调出"标注"工具栏,通过单击标注工具栏中的图标,发出相应的标注命令。

8.4.1 线性标注

线性尺寸标注用于水平、垂直尺寸标注(标注两点间的水平或垂直距离)或指定旋转一定角度尺寸的标注。

线性标注有两种标注方式,一是选择线段的两点进行标注,二是选择线段对象进行标注。

执行命令的方式:单击"标注"工具栏"线性"标注图标┡┥,选择菜单"标注/线性",命令栏输入 DIMLINEAR 回车。

(1)选择线段两点标注的操作过程：

发出命令：DIMLINEAR

指定第一个尺寸界线原点或〈选择对象〉：选定标注的第一点

指定第二条尺寸界线原点：选定标注的第二点

[多行文字(M)/文字(T)/角度(A)/水平(H)/垂直(V)/旋转(R)]：如不执行其他选项，可直接拖动鼠标，在合适处单击即可标注水平或垂直尺寸。

其他选项含义：

多行文字(M)：多行文字输入，用于调出多行文字编辑器，手动输入字符代号或修改尺寸数值；

文字(T)：单行文字输入，用于在命令栏手动输入字符代号或修改尺寸数值；

角度(A)：尺寸数字的旋转，用于将标注的尺寸数字旋转，一般不用该选项；

旋转(R)：尺寸线的旋转，用于指定一定旋转角度的尺寸标注。

标注水平或垂直尺寸，可直接垂直或水平拖动鼠标进行标注，无需选择"水平(H)"或"垂直(V)"选项。

(2)选择线段对象标注的操作过程：

发出命令：DIMLINEAR

指定第一个尺寸界线原点或〈选择对象〉：回车执行"选择对象"操作

选择标注对象：用选择框选择所需标注的线段

[多行文字(M)/文字(T)/角度(A)/水平(H)/垂直(V)/旋转(R)]：直接拖动鼠标，在合适处单击即可标注该线段的尺寸。

标注尺寸时应注意：

(1)AutoCAD 是自动测量尺寸数值的，如要修改尺寸数值，则需选择"多行文字(M)"或单行"文字(T)"选项，输入 M 或 T 回车，调出多行文字编辑器或在命令栏中手动修改尺寸数字。

(2)手动修改后的尺寸数值与图形失去关联性，其数值是固定的，不会随图形的编辑而变化；AutoCAD 自动测量的尺寸数值与图形存在着关联性，随图形的编辑而变化。如只是添加符号而未动尺寸数值，关联性依然存在。

例1 标注图 8-18 中的尺寸。

发出命令：DIMLINEAR

指定第一个尺寸界线原点或〈选择对象〉：选定 1 点

指定第二条尺寸界线原点：选定 2 点

[多行文字(M)/文字(T)/角度(A)/水平(H)/垂直(V)/旋转(R)]：输入 T，回车

输入标注文字〈40〉：输入％％C40，回车

[多行文字(M)/文字(T)/角度(A)/水平(H)/垂直(V)/旋转(R)]：拖动鼠标在合适位置单击，即可完成 φ40 直径尺寸的标注。

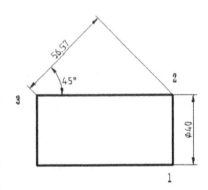

图 8-18 线性尺寸标注

发出命令：DIMLINEAR
指定第一个尺寸界线原点或〈选择对象〉：选定 2 点
指定第二条尺寸界线原点：选定 3 点
[多行文字(M)/文字(T)/角度(A)/水平(H)/垂直(V)/旋转(R)]：输入 R，回车
指定尺寸线的角度〈0〉：输入 45，回车
[多行文字(M)/文字(T)/角度(A)/水平(H)/垂直(V)/旋转(R)]：拖动鼠标在合适位置单击，即可完成倾斜 45°尺寸的标注。

8.4.2 对齐标注

对齐标注用于标注线段的长度(与所标注线段平行)。

对齐标注有两种标注方式，一是选择线段的两点进行标注，二是选择线段对象进行标注。两种方式的操作过程与线性标注基本相同。

执行命令的方式：单击"标注"工具栏"对齐"图标，选择菜单"标注/对齐"，命令栏输入 DIMALIGNED 回车。

选择线段两点标注的操作过程：
发出命令：DIMALIGNED
指定第一个尺寸界线原点或〈选择对象〉：选定标注的第一点
指定第二条尺寸界线原点：选定标注的第二点
[多行文字(M)/文字(T)/角度(A)]：拖动鼠标在合适位置单击，即可完成对齐尺寸的标注。

其操作选项的作用、操作与线性标注相同。

8.4.3 角度标注

角度标注用于标注两条非平行直线的夹角、圆或圆弧上两点间的夹角及对不共线的三点进行角度标注，标注值为度数。

执行命令的方式：单击"标注"工具栏"角度"图标，选择菜单"标注/角度"，命令栏输入 DIMANGULAR 回车。

操作过程：
发出命令：DIMANGULAR
选择圆弧、圆、直线或〈指定顶点〉：选择圆弧、圆上的一点或一条直线
如选择的是圆弧或圆，命令栏提示为：
指定角的第二端点：选择圆弧、圆上的第二点
指定标注弧线的位置或[多行文字(M)/文字(T)/角度(A)/象限点(Q)]：将光标移到合适处单击即可。
如选择的是直线，命令栏提示为：
选择第二条直线：选择另一直线
指定标注弧线的位置或[多行文字(M)/文字(T)/角度(A)/象限点(Q)]：将光标移到合适处单击即可。

如需标注不共线三点的夹角,则需执行默认选项"〈指定顶点〉",其操作过程如下:
发出命令:DIMANGULAR
选择圆弧、圆、直线或〈指定顶点〉:回车
指定角的顶点:指定一点为顶点
指定角的第一个端点:指定一点
指定角的第二个端点:指定另一点
指定标注弧线的位置或[多行文字(M)/文字(T)/角度(A)/象限点(Q)]:将光标移到合适处单击即可。
"象限点(Q)"选项是使角度尺寸数值位于哪个象限区域;其余选项的含义同前。

8.4.4 直径标注

直径标注用于标注圆或圆弧的直径,标注时自动在数字前加上符号"ϕ"。
执行命令的方式:单击"标注"工具栏"直径"图标，选择菜单"标注/直径",命令栏输入 DIMDIAMETER 回车。
操作过程:
发出命令:DIMDIAMETER
选择圆弧或圆:选择所需标注的圆弧或圆
指定尺寸线的位置或[多行文字(M)/文字(T)/角度(A)]:将光标移到合适处单击即可。
注意:如果要通过多行文字或单行文字选项修改尺寸数值,需在数字前输入直径代码%%C。

8.4.5 半径及半径折弯标注

1. 半径标注
半径标注用于标注圆或圆弧的半径,标注时自动在数字前加上符号"R"。
执行命令的方式:单击"标注"工具栏"半径"图标，选择菜单"标注/半径",命令栏输入 DIMRADIUS 回车。
操作过程:
发出命令:DIMRADIUS
选择圆弧或圆:选择所需标注的圆弧或圆
指定尺寸线的位置或[多行文字(M)/文字(T)/角度(A)]:将光标移到合适处单击即可。

2. 半径折弯标注
用于圆弧的半径过大或在图纸范围内无法标出圆心位置时的半径标注。
执行命令的方式:单击"标注"工具栏"折弯"图标，选择菜单"标注/折弯",命令栏输入 DIMJOGGED 回车。

操作过程：
发出命令：DIMJOGGED
选择圆弧或圆：选择所需标注的圆弧或圆
指定图示中心位置：在合适位置指定一点
指定尺寸线的位置或[多行文字(M)/文字(T)/角度(A)]：将光标移到合适处单击即可。

8.4.6 弧长标注及圆心标记

1. 弧长标注

弧长标注用于标注圆弧的弧长。

执行命令的方式：单击"标注"工具栏"弧长"图标，选择菜单"标注/弧长"，命令栏输入 DIMARC 回车。

操作过程：
发出命令：DIMARC
选择弧线段或多段线圆弧段：选择所需标注的圆弧或多段线圆弧段
指定弧长标注位置或[多行文字(M)/文字(T)/角度(A)/部分(P)/引线(L)]：将光标移到合适处单击即可。

"部分(P)"选项用于为部分圆弧标注长度，执行该选项，命令栏提示：
指定弧长标注位置或[多行文字(M)/文字(T)/角度(A)/部分(P)/引线(L)]：P
指定弧长标注的第一个点：
指定弧长标注的第二个点：
指定弧长标注位置或[多行文字(M)/文字(T)/角度(A)/部分(P)/引线(L)]：将光标移到合适处单击即可标注此段圆弧的长度。

"引线(L)"选项用于为弧长尺寸添加引线，当圆弧圆心角大于90°时才会出现该选项。

2. 圆心标记

圆心标记的功能是为圆或圆弧的圆心位置画出十字标记，绘图中可用于解决圆的中心线短划相交的问题（在尺寸样式设置中，标记长度已设为 10）。

执行命令的方式：单击"标注"工具栏"圆心标记"图标，选择菜单"标注/圆心标记"，命令栏输入 DIMCENTER 回车。

操作过程：
发出命令：DIMCENTER
选择圆弧或圆：选择所需标记的圆弧或圆即可。

8.4.7 基线标注及连续标注

1. 基线标注

基线标注的功能是以同一个基准标注图形的尺寸。工程设计绘图中，常会遇到以同一个尺寸基准去标注其他尺寸的情况，此时用基线标注尺寸可提高绘图效率。

与前述的其他尺寸标注不同，基线标注不能单独使用，它使用的前提条件是：已存在一个标注的基准尺寸,以该尺寸的基准作为其他尺寸的标注基准,见图 8-19。

执行命令的方式:单击"标注"工具栏"基线"图标,选择菜单"标注/基线",命令栏输入 DIMBASE-LINE 回车。

操作过程:

先标注一个基准尺寸后,发出命令:DIMBASELINE

指定第二条尺寸界线原点或[放弃(U)/选择(S)]〈选择〉:逐一选择其他基线尺寸的末端点,回车两次,即可完成多个基准尺寸的标注。

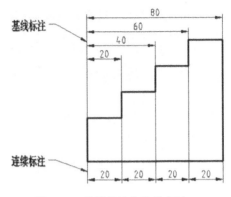

图 8-19 基线标注与连续标注

注意:如果后面的尺寸不是以基准尺寸的尺寸基准开始进行标注,可执行"选择(S)"选项,重新选择尺寸基准。

2.连续标注

连续标注用于首尾相连的一系列线性尺寸的标注。第一个尺寸结束处即为第二个尺寸的开始,见图 8-19。

与基线标注相同,连续标注也不能单独使用,它使用的前提条件是:已存在一个标注的基准尺寸,以该尺寸的第二条尺寸界线作为下一个标注尺寸的基准,以此类推。

执行命令的方式:单击"标注"工具栏"连续"图标,选择菜单"标注/连续",命令栏输入 DIMCONTINUE 回车。

操作过程:

先标注一个基准尺寸后,发出命令:DIMCONTINUE

指定第二条尺寸界线原点或[放弃(U)/选择(S)]〈选择〉:逐一选择连续尺寸的末端点,回车两次,即可完成连续尺寸的标注。

同理,可执行"选择(S)"选项,重新选择连续标注尺寸的基准。

8.4.8 快速标注

快速标注用于快速标注或编辑一系列尺寸,对于基线标注、连续标注的图形非常有用。标注时,选择图形对象而无需选两点,对于直线段,默认是线性标注方式,对于圆及圆弧,默认标注半径。

执行命令的方式:单击"标注"工具栏"快速标注"图标,选择菜单"标注/快速标注",命令栏输入 QDIM 回车。

现以图 8-19 中的基线标注说明操作过程:

发出命令:QDIM

选择要标注的几何图形:依次选择图形上方四条水平线段,回车

指定尺寸线位置或[连续(C)/并列(S)/基线(B)/坐标(O)/半径(R)/直径(D)/基准点(P)/编辑(E)/设置(T)]〈连续〉:B,回车

指定尺寸线位置或[连续(C)/并列(S)/基线(B)/坐标(O)/半径(R)/直径(D)/基准点(P)/编辑(E)/设置(T)]〈基线〉：在合适位置单击即可完成图示的基线标注。

8.4.9 折断标注及折弯线性标注

折断标注及折弯线性标注命令均不能单独使用来标注尺寸，它是在已标注尺寸上编辑而成。折断标注的图例见图8-9，折弯线性标注的图例见图8-10。

1.折断标注

单击"标注"工具栏"折断"标注图标，命令栏提示：

命令：_DIMBREAK

选择要添加/删除折断的标注或[多个(M)]：选择要折断标注的尺寸

选择要折断标注的对象或[自动(A)/手动(M)/删除(R)]〈自动〉：回车

1.个对象已修改

即可完成对尺寸的折断标注。

"多个(M)"选项用于可同时选择多个尺寸对象。

2.线性折弯标注

单击"标注"工具栏"线性折弯"标注图标，命令栏提示：

命令：_DIMJOGLINE

选择要添加折弯的标注或[删除(R)]：选择需线性折弯的尺寸

指定折弯位置(或按 ENTER 键)：回车即可。

8.5 多重引线与倒角标注

多重引线标注在工程制图中的用途是注释文字、倒角标注及有引线的相关标注。08以前的版本，与多重引线有类似功能的称之为"快速引线"，其发出命令的图标也在"标注"工具栏中，不仅能注释文字、倒角标注及有引线的相关标注，还可直接进行形位公差注标，调出设置对话框中的内容与下面的介绍有所差异。

8.5.1 设置多重引线样式

多重引线标注中，应根据其不同的实际用途，首先进行多重引线样式的设置。

执行命令的方式：单击"样式"或"多重引线"工具栏"多重引线样式"图标，选择菜单"格式/多重引线样式"，命令栏输入 MLEADERSTYLE 回车。

现以设置倒角标注的样式说明其操作过程：

发出命令：MLEADERSTYLE

调出图8-20多重引线样式管理器对话框，单击"新建"按钮，命名"倒角"，单击"继续"按钮，调出图8-21多重引线样式设置对话框。

(1)"引线格式"选项卡："引线格式"选项卡中的内容见图8-21。箭头选"无"，其他保留默认选项。

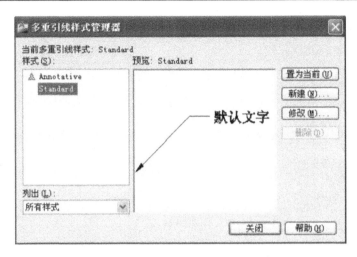

图 8-20　多重引线样式管理器对话框

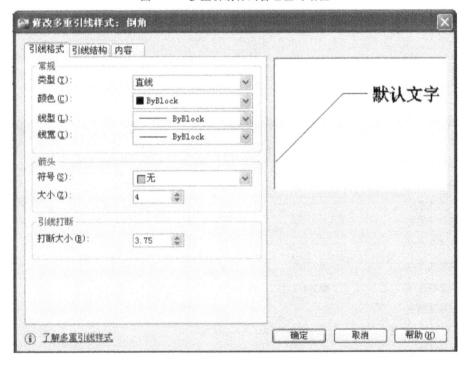

图 8-21　多重引线样式设置对话框

(2)"引线结构"选项卡:"引线结构"选项卡的内容见图 8-22。最大引线点数选"2",第一段角度设为 45°,第二段角度可设为 0°;基线设置中,去掉"自动包含基线"选项前的勾。

注意:最大引线点数是指多重引线标注中所包含线段及文字段数的和,默认最后一段是文字。如:倒角标注中,引线一段,数字一段,其点数为 2。

(3)"内容"选项卡:"内容"选项卡中的内容见图 8-23。引线类型选"多行文字";文字样式选"尺寸标注";文字高度选 3.5,与尺寸数字高度相同;"引线连接"项的水平连接中,连接位置两项均选"最后一行加下划线";基线间隔可设为 0;其他可保留默认设置。

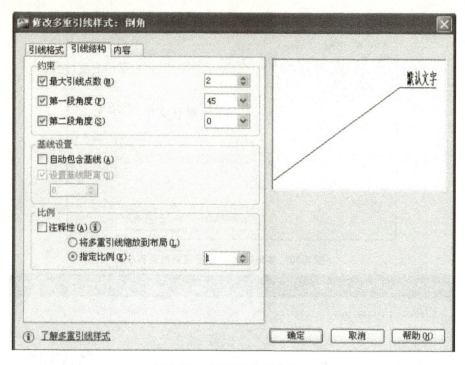

图 8-22 引线结构选项卡内容

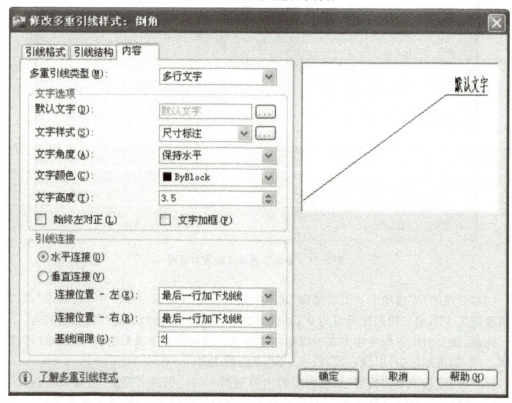

图 8-23 内容选项卡内容

至此,完成倒角多重引线样式设置。

8.5.2 倒角标注

例2 标注图 8-24 倒角。

操作过程:

在样式工具栏中,选多重引线样式为"倒角"。

执行命令的方式:单击"多重引线"工具栏"多重引线"图标 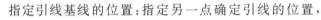,选择菜单"标注/多重引线",命令栏输入 MLEADER 回车。

指定引线箭头的位置或[引线基线优先(L)/内容优先(C)/选项(O)]〈选项〉:指定倒角标注的一点

指定引线基线的位置:指定另一点确定引线的位置,

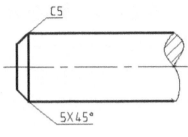

图 8-24 倒角标注

在多行文字对话框中输入 C5 或 5×45%%D,单击"确定"按钮,完成倒角标注。

如在标注前未选定多重引线样式,可在发出命令后,执行"选项(O)"选择所需倒角标注的多重引线样式。

8.6 尺寸公差与形位公差标注

工程制图中,经常需用到尺寸公差和形位公差标注,下面分别介绍其标注方法。

8.6.1 尺寸公差标注

尺寸公差的标注一般有两种方式:一是第 7 章讲述的在多行文本对话框中,用特殊符号的输入方式通过叠加进行标注。二是设置尺寸公差样式进行标注,设置方法在设置尺寸样式中已讲述。绘制工程图样中,尺寸公差尺寸较少少时可采用第一种标注方式标注,尺寸公差多且同一公差值多处标注时,宜采用第二种标注方式。由于设置尺寸样式时以公差值命名,标注尺寸公差时,只需按尺寸公差值在"样式"工具栏或"标注"工具栏下拉列表中选择所需标注的尺寸公差样式即可。

8.6.2 形位公差标注

执行命令的方式:单击"标注"工具栏"形位公差"图标,选择菜单"标注/公差",命令栏输入 TOLERANCE 回车,均可调出图 8-25 形位公差对话框。

各选项含义如下:

符号:形位公差类别代号,光标单击此处可调出图 8-26 形位公差类别符号对话框,在其中选择形位公差的类别后返回到形位公差对话框。

公差 1、公差 2:单击第一个框可插入直径符号"φ",第二个框用于输入形位公差数值,第三个框用于输入包容条件。

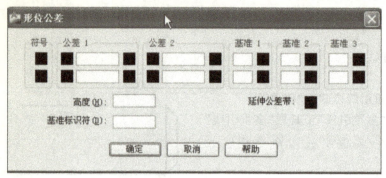
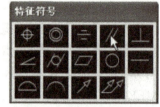

图 8-25　形位公差对话框　　　　图 8-26　形位公差类别符号

基准 1、基准 2、基准 3：第一个框用于输入基准的代号，第二个框用于输入包容的条件。

标注后的形位公差是一个整体，如果需要编辑，2008 版之前的 AutocadCAD 可双击形位公差标注，调出"形位公差"对话框进行编辑；之后的版本可通过单击标准工具栏"特性对象"图标，调出"特性选项板"，选中"文字替代"后，单击栏后的图标，调出"形位公差"对话框进行编辑。

与 AutoCAD2006 版用"快速引线"标注形位公差不同，用"多重引线"不能直接标注形位公差，用 TOLERANCE 命令标注形位公差时，还需要用多重引线命令绘制引线。

8.7　编辑尺寸

工程制图中，时常需编辑尺寸线、尺寸界线或修改尺寸数字等方面的操作，下面分别讲述常用的编辑修改方式。

8.7.1　修改尺寸数字

修改尺寸数字一般有三种方法，本节讲述前两种方法，第三种方法在 8.7.3 节使用编辑图标中，选择"新建(N)"选项，对文字进行修改。

1. 双击尺寸

AutoCAD2012 之前的版本可调出对象特性选项板，2014 版可调出多行文字编辑器对尺寸数字进行修改。

现以对象特性选项板来说明尺寸数字修改的操作：在对象特性选项板中，移动滚动条，找到"测量单位"栏，在"测量单位"栏下方的"文字替代"栏中输入所需修改的尺寸数字，关闭对象特性选项板即可完成尺寸数字的修改。

2. 编辑图标

在"文字"工具栏中单击"编辑"图标 ![A],可调出多行文字输入框对尺寸数字进行修改。

8.7.2 改变尺寸线及尺寸数字位置

单击标注工具栏中的"编辑标注文字"图标 ,可改变尺寸线及尺寸数字标注的位置,此时命令栏提示:

选择标注:选择需编辑的尺寸标注

为标注文字指定新位置或[左对齐(L)/右对齐(R)/居中(C)/默认(H)/角度(A)]:移动光标,使尺寸线及尺寸数字移到所需位置单击即可。

效果见图 8-27 中标注为 40 的尺寸标注。

8.7.3 尺寸界线倾斜

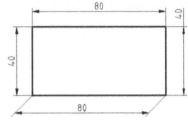

图 8-27 尺寸标注编辑前后对比图

单击标注工具栏中的"编辑标注"图标 ,命令栏提示:

输入标注编辑类型[默认(H)/新建(N)/旋转(R)/倾斜(O)]:输入 O,回车

选择对象:选择图 8-27 中标注为 80 的尺寸,回车

输入倾斜角度(按 ENTER 表示无):输入 45°,回车。

效果见图 8-27 中标注为 80 的尺寸。

操作过程中应注意:倾斜角度是指尺寸界线与水平线的角度,逆时针为正值。

选择"新建(N)"选项,可调出多行文本输入框对标注的数字进行编辑或修改,其特点是可选择多个标注的尺寸对象进行文字编辑或修改;因此,对于多个尺寸需统一修改的内容,比如说,在多个尺寸数字前加 φ,采用"新建(N)"选项可提高绘图效率。

选项"旋转(R)"是使尺寸数字旋转,工程制图中一般很少使用。

8.8 复习问答题

1.建立尺寸标注环境一般包含有哪些内容?

2.尺寸样式设置一般包含有哪些内容?

3.为什么要设子尺寸?

4.标注尺寸公差一般有几种方法?如何设置尺寸公差样式?不同的公差尺寸,能统一设置一个尺寸样式吗?设置极限偏差的上、下偏差数值时,应注意什么?

5.在"新建标注样式"对话框中,线选项卡中,"基线间距"含义是什么?应如何设置?调整选项卡中,"标注特征比例"选项有何作用?在"主单位"选项卡中,"测量单位比例"中的"比例因子"如何确定?

6.如何使用已设置的尺寸样式?如何删除尺寸样式?正在使用的尺寸样式能删除吗?

7.尺寸标注中,线性标注、对齐标注各用于何处?其中的 M、T 选项有何用途?

8.在非圆视图上,如何标注直径代号"φ"?有几种标注方式?

9.尺寸标注中,编辑修改后的尺寸数字与 AutoCAD 自动测量标注的数字功能上有何差异?

10. 基线标注、连续标注能否直接标注尺寸？折断标注、线性折弯标注能否直接标注尺寸？

11. 引线标注一般有何用途？引线设置中"引线结构"选项卡中的"点数"何含义？

12. 如何修改尺寸数值？如何变动文字及尺寸线位置？如何使尺寸界线倾斜？

8.9 练习题

1. 设置符合我国国家标准《机械制图尺寸注法》(GB/T 4458.4—2003)的尺寸标注样式。

2. 分别设置对称尺寸公差±0.02和极限偏差上偏差为+0.027、下偏差为+0.002的尺寸公差样式及线性直径标注样式。

3. 画出图8-28，用线性标注、对齐标注及角度标注对图形进行标注。

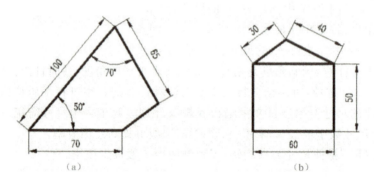

图 8-28 上机练习3

4. 画出图8-29，用线性标注、基线标注、连续标注及角度标注对图形进行尺寸标注。

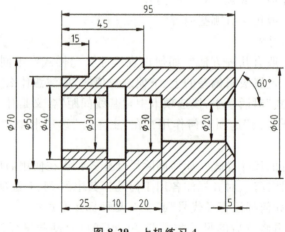

图 8-29 上机练习4

5. 画出图 8-30，用线性标注、直径标注、半径标注及圆心标注对图形进行尺寸标注。

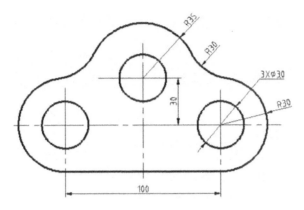

图 8-30　上机练习 5

6. 画出图 8-31，标注尺寸后，按图中方式对尺寸进行编辑。

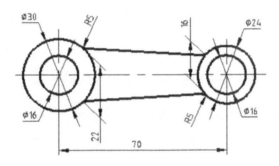

图 8-31　上机练习 6

7. 画出图 8-32，设置多重引线的倒角标注样式并标注尺寸。

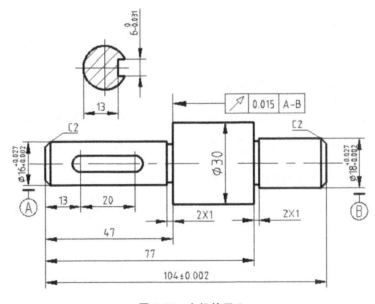

图 8-32　上机练习 7

第9章 图形打印及常用操作

学习目标 熟练掌握图形打印的设置,能根据工程设计的需要,打印出所需的图样;熟练掌握将 AutoCAD 图形插入 Word 文档中的各种操作方式及编辑。
学习重点 图形打印的设置及打印方式选择。
学习难点 打印比例的选择与注释性文字样式、注释性尺寸样式的选择及设置。

9.1 图形打印

图形打印输出是 AutoCAD 学习中的一项重要内容,AutoCAD 提供了强大的打印功能,可根据设计者的需要打印输出图形。绘制好的图样即可在模型空间打印输出也可在布局(图纸)空间打印输出。通过单击绘图区域与命令栏之间的模型空间及布局空间的标签即可完成模型空间与布局空间的转换。本章主要阐述模型空间的图形打印输出。

9.1.2 打印方式

AutoCAD 提供了两种打印输出方式:

(1)选择菜单"文件/打印"或单击标准工具栏"打印"图标 ，调出图 9-1 打印对话框直接进行设置并打印。

(2)选择菜单"文件/页面设置管理器",调出图 9-2 页面设置管理器对话框,单击"新建"按钮,调出图 9-3 新建页面设置对话框,命名后单击"确定"按钮,调出图 9-4 页面设置对话框进行设置并保存,然后再进行打印操作,在图 9-1 打印对话框"页面设置"中选择所设置的样式后,单击"确定"按钮进行打印输出。

两种方式的区别是:前者打印设置仅供当前的图形打印操作,不能保存;后者的打印设置样式保存于当前图形中。

9.1.2 设置及操作步骤

无论采用哪种方式打印,在打印图形前,均需进行以下的相关设置:选择输出设备,选择或设置纸张大小,设置打印范围,设置打印比例(打印图形与绘制图形的比值)。这里以第二种打印输出方式(先设置,后打印),阐述其操作步骤:

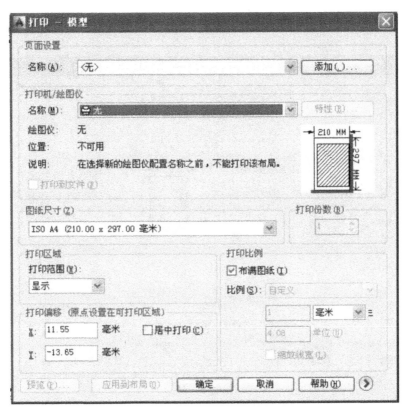

图 9-1　打印对话框

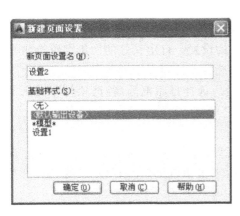

图 9-2　新建页面设置对话框

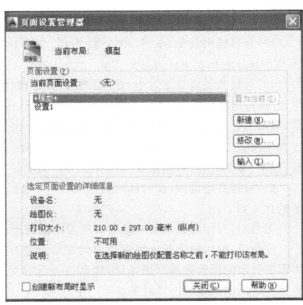

图 9-3　页面设置管理器对话框

(1)按前述操作步骤调出图 9-4"页面设置-模型"对话框。

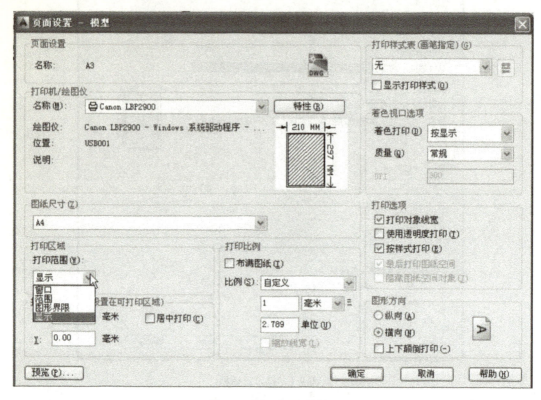

图 9-4　页面设置对话框

(2)选择输出设备:在"打印机/绘图仪"中选择输出设备,如无打印机或绘图仪时,可选"DWF6 eplot.pc3"电子打印的方式。

(3)选择或设置纸张大小:在"图纸尺寸"中选择所需图纸大小。如需自定义图纸尺寸可单击"特性"按钮调出图 9-5 绘图仪配置编辑器对话框,在对话框中,选中"自定义图纸尺寸"后,单击下方"自定义图纸尺寸"项中的"添加"按钮,依次按出现对话框的内容,设置图纸尺寸大小及页边距后,命名及保存,完成自定义图纸尺寸的设置。自定义好的图纸名称会出现在"打印"对话框和"页面设置"对话框中的"图纸尺寸"选项下拉列表选择框中。

(4)设置打印范围:在"打印范围"选项中,根据需要,选择打印范围,各选项打印图纸范围的含义如下:

①显示:打印输出当前屏幕窗口所显示的图形。

②窗口:打印输出所选择窗口中的图形。选择"窗口"选项后,光标变"＋",拖动光标选择需要打印的图形范围。选择后,如需改变选择范围,点击出现的"窗口(O)＜"按钮,可重新选择输出图纸中的图形对象。

③范围:打印输出当前图纸中的所有图形对象。

④图形界限:打印输出图形界限内的图形。

注意:采用此选项时,设置图形界限的基点和所画图幅边框左下方的基点的坐标值必须

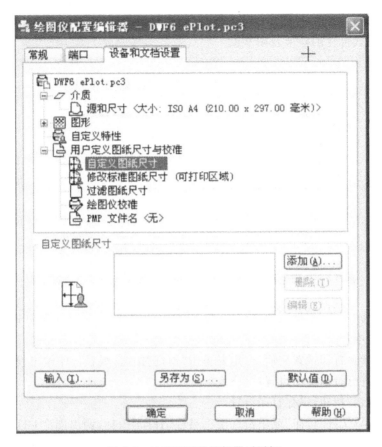

图 9-5 绘图仪配置编辑器对话框

统一,否则,不能正确打印输出图形。

(5)设置打印比例:打印比例是指打印出的图纸与绘制图纸的尺寸之比。

用不同的绘图方式绘制的图样后,在设置打印比例时各不相同,AutoCAD绘制图样一般有两种方式:

一是如手工绘图一样,按一定的绘图比例将图形绘制在所选择的图幅中,此时在选择相应的图纸大小后,打印比例通常采用默认设置"布满图纸"或选择1∶1的比例。

二是无论机件大小,均按1∶1的比例绘图,在打印输出图形时,根据绘制图形大小和所选图纸纸张的大小设置相应的打印比例,打印输出图样。对过小或过大的机件采用1∶1的比例绘图,在标注文字和尺寸时,需选用注释性文字样式及注释性尺寸样式来标注文字及尺寸,注释性比例与打印输出时所选的打印比例相同,从而保证打印出的图样中的文字及尺寸数字正常显示。如采用1∶10的打印比例输出图样,在标注文字及尺寸时,用注释性比例的文字样式与尺寸标注样式进行文字及尺寸标注,在状态栏注释性比例图标 1∶10 中,选1∶10的。在没有注释性样式的AutoCAD版本中,可按打印比例的大小,缩放文字样式和尺寸样式中文字的大小来解决文字和尺寸数字的正常显示问题。亦可通过尺寸样式设置对话框"调整"选项卡中,设置"全局比例"的数值,缩放尺寸数字显示的大小,使其正常显示。

标注文字字高为 3.5,采用 1∶10 打印比例,注释性比例为 1∶10 时,注释性尺寸样式及非注释性尺寸样式标注的效果及图 9-6。

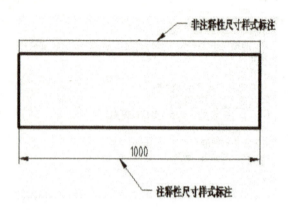

图 9-6　注释性尺寸样式与非注释性尺寸样式标注尺寸效果对照

在"打印偏移"项中,根据需要选择 X 及 Y 方向的偏移值,采用了装订边的图幅绘制的图形,可勾选"居中"。

注意:初学者在打印设置完后,一定要单击"预览"按钮,观看打印输出设置的效果,如有不妥之处,重新进行打印输出设置。

(6)单击"确定"按钮,保存打印设置。

(7)选择菜单"文件/打印"或单击标准工具栏"打印"图标,调出图 9-1 打印对话框在"页面设置"选项"名称"下拉列表中,选择所设置样式的名称,单击"确定"按钮直接进行打印。

9.2　常用操作

9.2.1　将图形打印到任意大小图纸上

工作中,基于打印设备限制或其他原因,有时需要将绘制的图样,缩小或放大打印出来,通过在打印设置中选择纸张大小及选择绘图比例即可满足此要求。

操作方法是:打印设置时,在图 9-1 打印对话框"图纸尺寸"中,选定所需输出图纸的大小,在"打印比例"中,选"布满图纸"即可,其他的设置按前面所述打印设置方式进行。

9.2.2　图形文件加密

在实际工作中,有时为防止技术文件泄密,需要对图形文件加密。AutoCAD 图形文件加密有两种操作方式:

(1)通过选择操作:菜单"文件/另存为/工具/安全选项",调出图 9-7 安全选项对话框,输入密码后单击"确定"按钮,在出现的对话框中再次输入密码,单击"确定"即可。

图 9-7　安全选项对话框

（2）通过选择操作：菜单"工具/选项/打开和保存/文件安全措施/安全选项"，同样可调出图 9-7 安全选项对话框，进行加密操作便可。

（3）图形文件解密操作：打开加密的图形文件，通过上述两种方式调出图 9-7 安全选项对话框，清除密码框中的密码即可。

9.2.3　在 Word 文档中插入 AutoCAD 图形

工程设计文件中，常需要在 Word 文档中插入 AutoCAD 图形，直接插入图形一般有三种插入方法：

1. 复制/粘贴法

操作步骤：

（1）在 AutoCAD 中选择需复制的图形对象，然后转到 Word 文档中粘贴，此时 Word 文档中插入的图形未能实时显现图形线条的线宽。

（2）双击 Word 中插入的图形，返回 AutoCAD 中编辑修改图形；在状态栏中点击"线宽"按钮，使图形显示线条的线宽，单击"保存"按钮。

（3）保存图形后，转到 word 文档，可看到插入到 Word 中的图形已显示图形线条的线宽。如在（2）操作中未单击"保存"按钮，返回 Word 中时，插入的图形上有阴影（斜线），此时，可进行下述操作：

右击插入的图形/AutoCAD Drawing 对象/转换/确定，去掉在 Word 文档中图形上的阴影。

2. 复制链接/粘贴法

其作用是将当前 AutoCAD 窗口中的图形对象复制插入到 Word 文档中，并显示图形线条的线宽。

操作过程：

(1)在 AutoCAD 菜单中选择"/编辑/复制链接"，不用选择图形对象；

(2)转至 Word 文档中"粘贴"，即可将 AutoCAD 当前窗口中的图形对象，以显示线宽的方式插入到 Word 文档中。

3. 复制/选择性粘贴法

其作用是将复制的 AutoCAD 图形，选择不同的格式插入到 Word 文档中。

操作过程：在 AutoCAD 中选择需复制的图形对象，然后转到 Word 文档中选择"选择性粘贴"，调出图 9-8 选择性粘贴对话框，其中"AutoCAD Drawing 对象"粘贴选项与前述"复制/粘贴"方式相同。"图片(Windows 图元文件)"粘贴选项，是以图片文件格式将 AutoCAD 图形插入到 Word 文档中，插入后的图形显示图形线条的线宽。"位图"粘贴选项是以位图方式粘贴 AutoCAD 图形，粘贴时带有 AutoCAD 的背景色。

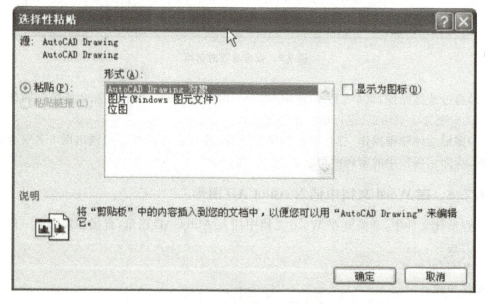

图 9-8　选择性粘贴对话框

插入到 Word 文档中的 AutoCAD 图形边框较大，一般情况下需要裁剪边框，图片边框裁剪的操作过程：

在 Word 中调出图片工具栏，选中所需剪裁的插入图片，单击图片工具栏"裁剪"图标，然后将光标放到插入图形选择框四周的编辑点上拖动选择框即可调整图框边线的大小。

插入图形后，可根据需要对图形进行缩放操作：

选中图片，把光标放到图形选择框四角的编辑点上，出现缩放符号(斜双向箭头)时，拖动选择框到所需大小的位置即可。

9.2.4 使用 AutoCAD 设计中心

设计中心,是 AutoCAD2000 版后增加的功能,它类似于 Windows 操作系统中的资源管理器,管理 AutoCAD 的设计资源,方便各种设计资源的相互调用。利用设计中心不仅可以快速浏览、查找、管理 AutoCAD 的图形资源,还可通过拖放操作将打开的 AutoCAD 图形、块、图层、文字样式及尺寸标注样式等插入到当前图形中,从而使已有资源得到再利用,提高了绘图效率。

执行打开 AutoCAD 设计中心命令的方式:单击标准工具栏中的设计中心图标 ,选择菜单"工具/选项板/设计中心"或菜单"工具/设计中心"(2006 版),命令行输入 ADCENTER 回车,均可调出设计中心的工作界面,见图 9-9。

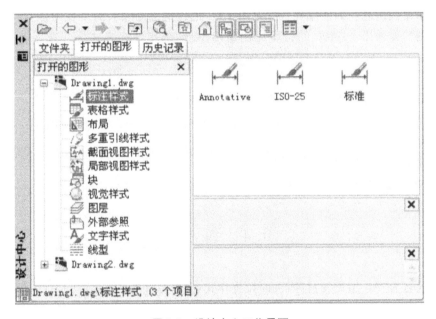

图 9-9 设计中心工作界面

单击设计中心工具栏中的"树状图切换"图标 ,可使设计中心工作界面在树状图或内容图之间切换。

"文件夹"选项卡:显示计算机或网络驱动器中的文件。

"打开图形"选项卡:显示当前打开的所有图形。

"历史记录"选项卡:显示最近在设计中心打开的文件列表。

利用设计中心,可方便地向图形中添加内容,可将图形、块拖到工具选项板中。有关操作后续章节将会涉及。

9.2.5 使用帮助

AutoCAD 提供了帮助系统,选择菜单"帮助/帮助",或按 F1 键均可打开 AutoCAD 帮助对话框,获取所需的帮助信息。

在未发出任何命令时按 F1 键,AutoCAD 对话框呈现首页内容,可根据需要选择相关的帮助。在使用具体命令时按 F1 键,对话框呈现的是该命令的具体帮助内容。

9.3 复习问答题

1. 打印输出图形有几种方式?有何异同?
2. 打印图形前,需进行哪些设置?
3. 如何设置自定义的图纸幅面?
4. 在"打印范围"选项中,显示、窗口、范围及图形界限选项各有何作用?
5. 打印比例何意?如何选择?如果用 1∶1 的比例绘制较大的工程图样,根据什么来设置打印比例?如采用 1∶100 的打印比例输出图样,采用什么方式标注文字及尺寸?如何操作?
6. 将图形打印到任意大小图纸上,如何操作?
7. 图形文件如何加密?有几种方式?如何解密?
8. 在 WORD 文档中插入 AutoCAD 图形的方式一般有几种?如何操作?插入后如何裁剪及缩放图形?
9. 设计中心有何作用?
10. 如何使用帮助?

9.4 练习题

1. 设置名为"A0 加长"的打印页面设置样式,图纸幅面为 841×1783,打印设备选择电子打印方式,打印范围选"图形界限",打印比例选 1∶1。
2. 用 A4 图幅,1∶2 的比例,绘制图 9-10,以电子打印的方式打印到 A4 图纸,并以不同的方式,将图形插入到 Word 文档中。
3. 用 1∶1 的比例画一 3000×2000 的矩形,分别用尺寸样式及注释性尺寸样式标注后,以 1∶10 的打印比例打印到 A3 图幅上,观察其效果。

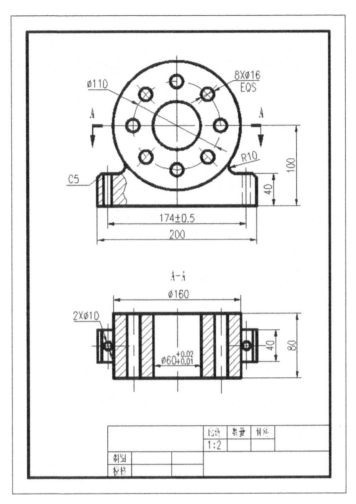

图 9-10 上机练习 2

下篇

用户化

第 10 章　块

学习目标　了解块的定义及分类,熟练掌握创建块及其属性的方法,能根据不同专业及用户的情况,创建带属性的图形或符号块,提高工程设计绘图的效率。
学习重点　创建带属性块的操作及块的编辑。
学习难点　动态块的创建。

用户化,这里是指将 AutoCAD 绘图系统按企业或某一专业的工程绘图需求,进行创建或定制,使之其能快捷、方便的绘制所需的工程图样。AutoCAD 用户化的内容包含很多方面,本篇主要涉及是不需编程的内容,包括创建块、样板图、工具栏、菜单栏、工具选项板及定制线型六个方面的内容。

在工程设计绘图中,每个专业均会有很多相同或类似的图形及符号元素需大量地重复绘制或标注,为提高绘图效率,可根据各个专业的特点,将常用到的图形及标注符号建成块,绘制时可通过插入块的方式解决。

10.1　块的定义及分类

10.1.1　块定义

1. 定义

块(block)是由多个对象(图形、文本)组成的一个整体(一个对象)。

创建的块可以方便地插入到当前图形指定的位置,插入的同时可以进行缩放、旋转操作,而与块的内部结构无关,它像一条直线一样被当作一个单独图形实体来处理。

2. 用途

基于块的特点,块常用来建立各专业绘图时常用到的图形或符号库。通过插入块的方法,可以节省磁盘空间,避免许多重复性的工作,也便于修改,因而能最大限度地提高设计绘图的速度与质量,例如粗糙度(表面结构)的标注,可以把粗糙度符号做成块,标注时插入即可。化工设计人员可把化工设备图形做成块,绘制化工工艺图时,在所需的图层通过插入块方式,即可方便快速地绘制出设备图形。

10.1.2　块的分类

按储存方式分,可将块分为内部块和外部块。

两者的区别是内部块储存于当前图形中,只能供当前的图形使用;而外部块储存在所选择的保存位置里,可供任何图形插入和调用,便于实现资源共享。

10.2 创建块

创建块的过程中,一般情况下,应注意两个问题:

1. 在 0 图层绘制所需图形,然后发出建块命令

0 图层是 AutoCAD 的默认图层,它与新建的其他图层有所不同:在 0 图层创建的块,块图形对象插入时,属性随层(如:颜色、线型、线宽等),而在其他图层创建的块不具备此特性。因此为使所建的块具有通用性,需在 0 图层创建块。如果所建的块的几何属性是固定的,则可在相应的图层建块。

2. 创建块的过程中,名称、基点、对象三要素缺一不可

无数次事例表明,初学者在创建块的过程中,经常遗漏选择图形插入时的基点,给插入使用块时带来不必要的麻烦。

10.2.1 创建内部块

执行创建内部块命令的方式:单击"绘图"工具栏"创建块"图标,选择菜单"绘图/块/创建",命令栏输入 BLOCK 回车,均可调出图 10-1 块定义对话框,创建内部块。

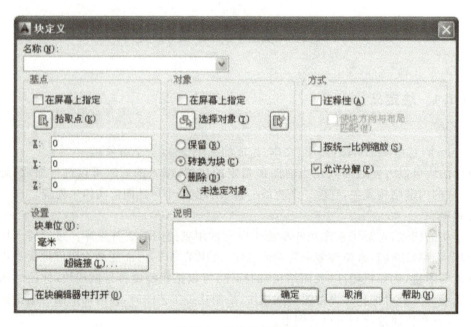

图 10-1 块定义对话框

创建内部块的操作过程:

(1) 在 0 图层画出所需图形,发出创建内部块命令,调出图 10-1 块定义对话框。
(2) 在名称栏对块进行命名。
(3) 在"基点"选项卡中,单击"拾取点"按钮,会切换到绘图窗口,可根据插入块的实际情况要求,选取插入块图形时图形上的基点。
(4) 在"对象"选项卡中,单击选择对象按钮,切换到绘图窗口,选取创建块的图形对象;各选项的含义:
"保留":创建内部块后,原图形仍然保留;
"转换为块":创建内部块后,创建块的图形也已转化为块;
"删除":创建内部块后,删除当前窗口中建块的图形。
(5) 在"方式"选项卡中,可根据实际情况需要,选择相关选项。
"注释性":是否创建注释性的内部块;
"按统一比例缩放":插入块时,是否在 X 和 Y 轴方向统一缩放插入的块图形;
"允许分解":插入的块图形对象是否允许用"分解"命令分解。
(6) 单击"确定"按钮,完成内部块的创建。

10.2.2 创建外部块

执行创建外部块命令的方式:命令栏输入 WBLOCK 或简化命令 W 回车,调出图 10-2 写块对话框,创建外部块。

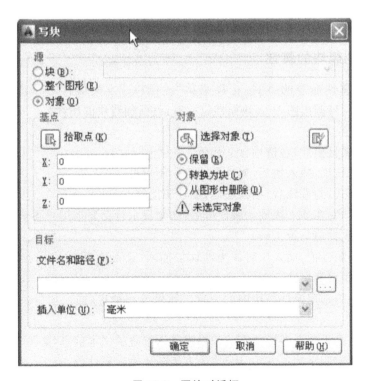

图 10-2 写块对话框

创建外部块的操作过程：
(1)在0图层画出所需图形，发出WBLOCK命令，调出图10-2写块对话框。
(2)在"源"选项卡中选择创建外部块的源图形，视实际情况选择，一般选"对象"。
(3)在"基点"选项卡中，单击"拾取点"按钮，切换到绘图窗口，根据插入块的实际情况要求，选取插入块图形时图形上的基点。
(4)在"对象"选项卡中，单击选择对象按钮，切换到绘图窗口，选取创建外部块的图形对象。
(5)在"目标"选项卡中，对块进行命名，并选择保存位置。
(6)单击"确定"按钮，完成外部块的创建。

10.3 块的属性

工程设计制图中，有的对象不仅仅是图形，还包括文本信息，如粗糙度标注，不仅有粗糙度的图形符号，还有粗糙度的数值。

10.3.1 块属性定义

块的属性是指附加在块上的文本信息，它是块的一个组成部分。一个块可以具有多个属性，每个属性可以具有不同的属性标志和属性值。例如：可将姓名规定为属性标志，具体的名字就是属性值。属性可以是固定的，也可以根据需要随机输入。

10.3.2 创建块的属性

执行创建块属性命令的方式：选择菜单"绘图/块/定义属性…"，或在命令栏中输入ATTDEF回车，均可调出图10-3块属性定义对话框，创建块的属性。

1. 模式选项卡

该区域定义属性模式，各选项含义如下：

不可见：勾选该项，插入块后，属性在图形中不可见。

固定：常量模式，勾选该项，插入块后，属性不能修改。

验证：效验模式，在插入块输入属性值后，命令提示行会要求用户再一次输入属性值，效验第一次输入的属性值是否正确。

预置：预置一属性值，插入块时作为默认值插入，且不能更改。此时需在"属性"选项卡"默认"框中输入预置的属性。

锁定位置：是否锁定属性在块中的位置。如果没有锁定，插入块后，可用夹点功能改变属性位置。

多行：属性值是否包含多行文字。如果需输入堆叠的文本信息，必须勾选此项。

另外，不勾选前四个选项，插入块时，为直接随机输入属性值。

创建块的属性时，可根据绘图的实际需要选择属性的模式。

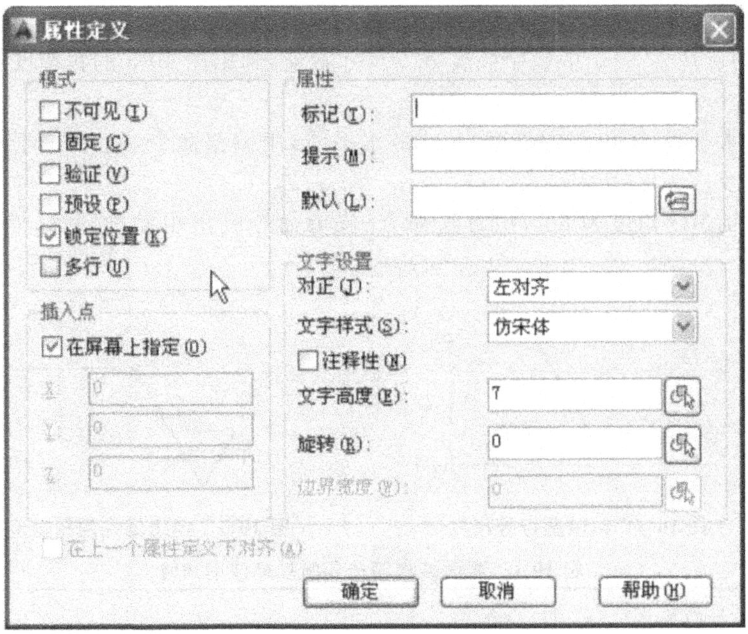

图 10-3 块属性定义对话框

2. 属性选项卡

该区域定义属性名、属性提示及属性缺省值。

标记：输入属性名，即插入属性时所显示的标记，此项必不可少。

提示：属性提示信息，插入块要输入属性值时命令栏前的提示。如果是空提示，则属性名就被当作提示信息。

默认：属性的缺省默认值。

3. 文字设置选项卡

该区域确定插入文本的有关参数。

对正：根据块的图形与块属性的位置关系，确定文本的对齐方式。

文字样式：确定输入属性值的文字样式。

高度：确定字体的大小。

旋转：确定文本标注时的旋转角度。

4. 插入点

确定属性在块图形中的插入点，通常采用"在屏幕上指定"。

10.4　实例

例：创建带属性粗糙度（表面结构符号）的外部块。

首先要根据标注尺寸数字的大小确定块属性的高度及块图形的大小，粗糙度图形符号见图 10-4，其各部分的尺寸，国标（GB/T 131—2006）的规定见表 10-1。

创建步骤：

(1)在 0 图层按表 10-1 中数字高度 3.5 尺寸数值，画出图 10-5 的粗糙度图形符号，过程如下：

①画三根水平线：画出下方长度为 30 的水平线，用偏移命令，偏移距离分别为 5、11，画出另两根水平线。

②设置极轴追踪角度为 60°，用直线命令、修剪命令画出粗糙度图形，然后删除三根水平线。

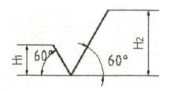
图 10-4　粗糙度符号尺寸

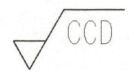
图 10-5　创建属性的粗糙度图形

表 10-1　表面结构符号和附加标注的尺寸　　　　　　　　　　(mm)

数字和字母高度 h	3.5	5	7	10	14
高度 H_1	5	7	10	14	20
高度 H_2(最小值)	11	15	21	30	42

(2)执行创建块属性命令（菜单：绘图/块/定义属性），调出图 10-3 块属性定义对话框。

①在"模式"选项卡中，不勾选任何的选项（随机一次输入属性值，且插入后属性值位置可通过夹点编辑移动）。

②在"属性"选项卡"标记"栏中，输入 CCD。

③在"文字设置"选项卡中，"对正"选左上，"文字样式"选"标注尺寸"的文字样式，"文字高度"设为 3.5。

④单击"确定"按钮，将带有属性标记的十字线，移到粗糙度上方水平横线转角的下方单击，确定粗糙度数值的插入位置（此操作时，最好关闭自动对象捕捉）。见图 10-5。

(3)执行创建外部块命令 WBLOCK，调出图 10-2 创建外部块对话框，基点选三角形下方的顶点，选取创建了属性的粗糙度图形，命名"CCD"及选择保存在桌面，点击"确定"按钮。

创建带属性块的过程中应注意：定义属性及建块的顺序不能颠倒。

10.5　块的使用

AutoCAD 通常有三种插入块的方式，使用工具选项板插入块的方式将在后续章节中讲述，本节介绍前两种使用方式。

10.5.1　使用"插入块"命令

执行命令的方式：菜单"插入/块"，单击绘图工具栏插入块图标 ，命令栏输入 INSERT

或 MINSERT(块以矩形阵列方式插入)。

现以插入创建的粗糙度符号说明其使用方式：

发出 INSERT 命令调出图 10-6 插入块对话框，如插入粗糙度内部块，在"名称"项下拉列表中选择；插入外部块，单击"浏览"找到块储存位置并选择 CCD 带属性的粗糙度外部块，在对话框中设置缩放比例及旋转角度，单击"确定"按钮，此时，命令栏提示：

指定插入点或[基点(B)/比例(S)/旋转(R)]：移动光标单击确定插入基点

CCD：输入属性值 Ra3.2 回车。

命令栏输入 MINSERT 命令，是以矩形阵列的方式插入块，不会出现图 10-6 的对话框，可按命令栏中的提示进行所需的相关操作。

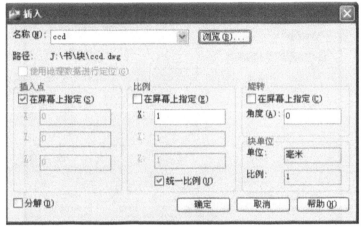

图 10-6　插入块对话框

10.5.2　使用设计中心插入块

执行命令的方式：单击"标准"工具栏设计中心图标，菜单"工具/选项板/设计中心"，命令栏输入 ADCENTER 回车。

发出 ADCENTER 命令，调出图 9-9 设计中心工作界面，在文件夹项中找到并打开储存粗糙度的文件夹，使 CCD 符号显示在内容窗口中，用鼠标拖动到图形所需位置即可；也可在 CCD 符号上右击，在出现的快捷菜单中选择"插入块"选项，调出图 10-6 的插入块对话框，按前述操作即可。

10.6　块及属性编辑

带属性块的编辑可分为块图形编辑及块属性编辑，下面分别阐述。

10.6.1　块图形编辑

块图形编辑命令的作用是：编辑修改块的几何形状，且将所有已插入的块图形一并修改。

执行块图形编辑命令的方式：单击标准工具栏块编辑器图标 ，菜单"工具/块编辑器"，命令栏输入 BEDIT 回车，均可调出图 10-7 编辑块定义对话框对块图形进行编辑。

编辑过程为：

(1) 发出 BEDIT 命令。

(2) 在图 10-7 编辑块定义对话框中选取需编辑插入的块图形，单击"确定"按钮进入编辑界面对块图形进行编辑及修改。

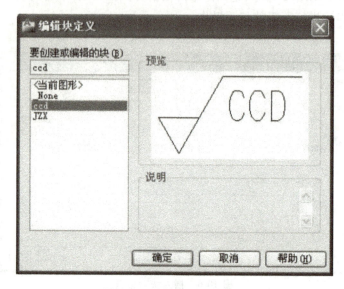

图 10-7　编辑块定义对话框

(3) 编辑完成后，单击"关闭块编辑器"图标 关闭块编辑器 ，出现图 10-8 块编辑保存对话框，单击"将更改保存到 CCD"即可。也可先保存，后单击"关闭块编辑器"图标。

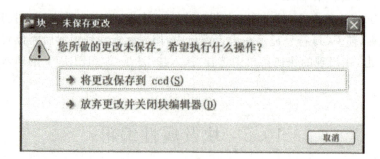

图 10-8　块编辑保存对话框

块编辑界面也可对属性的标记、提示及默认项进行修改：双击属性标记，调出"编辑属性定义"对话框见图 10-9，进行所需修改即可。

图 10-9　编辑属性定义对话框

10.6.2　块属性编辑

编辑修改插入块的属性，一般可通过以下三种途径：

1. 对象特性图标

选中块，单击对象特性图标，调出特性选项板，可修改属性及属性值。

2. 增强属性编辑器

调出"增强属性编辑器"有多种方式：双击插入的块图形，菜单"修改/对象/属性/单个"，单击"修改Ⅱ"工具栏中"编辑属性"图标，命令栏输入 BATTEDIT 回车，均可调出图 10-10 增强属性编辑器对话框，对属性及属性值进行修改。

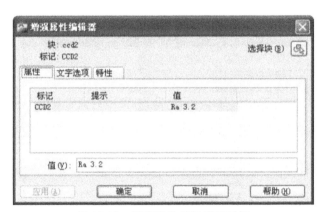

图 10-10　增强属性编辑器对话框

"属性"选项中，可对属性值进行修改。

"文字选项"中，可对文字样式、对正方式、文字高度、旋转角度、宽度因子等进行修改。

"特性"选项中，可对图层、线型、线宽、颜色进行修改。

3. 块属性管理器

调出"块属性管理器"的方式：菜单"修改/对象/属性/块属性管理器"，单击"修改Ⅱ"工具栏中"块属性管理器"图标，命令栏输入 BATTMAN 回车，可调出图 10-11 块属性管理器对话框，单击"编辑"按钮，在出现的对话框中，对属性的模式、标记、文字样式、对正方式、文字高度、旋转角度、宽度因子、图层、线型、线宽、颜色进行修改。

需要注意的是：块属性管理器只能修改属性的性质及外观，不能修改块的属性数值。因此一般采用前两种方式编辑块的属性。

图 10-11　块属性管理器对话框

10.6.3　块的删除

外部块的删除与其他文件一样，找到储存位置删除即可；而内部块则需通过清理命令 PURGE 来进行。

命令栏输入 PURGE，调出图 10-12 清理对话框，可对内、外部块进行删除。

操作：在图 10-12 清理对话框中，展开"块"目录，选中要删除的块，单击"清理"按钮即可。

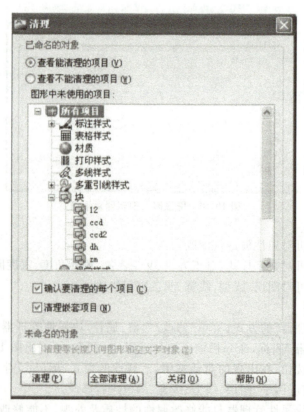

图 10-12　清理对话框

需要注意的是：在清理对话框中，图形中正在使用的块是不能删除的。

10.7 动态块

AutoCAD2006及后续版本增加了动态块，动态块是在块中增加了可变量，插入块后仅需通过夹点拖动就能实现块的所需部分的修改。

使用动态块，可以减少创建外形类似而尺寸不同的图块，丰富了块的使用范围，并在一定程度上提高了绘制图样的工作效率。

10.7.1 创建动态块

动态块是在已创建块的基础上，通过"块编辑器"创建的。在创建动态块之前，应了解所需创建的动态块在绘图时的使用方式，确定插入块后，哪些部分的图形参数会更改或变化，这些因素决定了创建动态块中的参数和动作类型，以及如何使参数、动作和几何图形共同作用，一个参数可匹配数个所需的动作类型。

现以创建图10-5粗糙度图形符号的动态块为例说明动态块的创建过程。在图10-5粗糙度图形符号中，粗糙度上面直线的长度随着下方输入属性数值的长度而变化，因此可用建动态块的方式来满足此要求。

分析：粗糙度横线下，粗糙度属性值的输入长度一般介于5个字符到7个字符，如输入标识符则为1字符即可，如粗糙度数值的文字高度为3.5，考虑到字符的高宽比，可将横线初始长度绘制为11。

创建步骤：

(1)创建10-5图示的带属性的内部块，粗糙度上面横线的长度为初始值11，命名为CCD35(寓意为粗糙度数值的高度为3.5)。

(2)执行块图形编辑命令BEDIT，调出图10-7编辑块定义对话框，选中CCD35，单击"确定"按钮，调出块编辑的工作界面图10-13。

(3)设置需要变化的参数。在图10-13"块编写选项板""参数"选项中，选择"线性"后命令栏提示：

指定起点或[名称(N)/标签(L)/链(C)/说明(D)/基点(B)/选项板(P)/值集(V)]：选横线左端点

指定端点：选横线右端点

指定标签位置：移动光标在合适的位置单击，见图10-14。

如对拉伸的长度有精确要求，可在命令选项中选择"值集(V)"选项，命令栏出现以下提示：

输入距离值集合的类型[无(N)/列表(L)/增量(I)]：

各选项的含义如下：

无(N)：无精确距离要求，随意拉伸；

列表(L)：列表输入所需拉伸的多个数值；

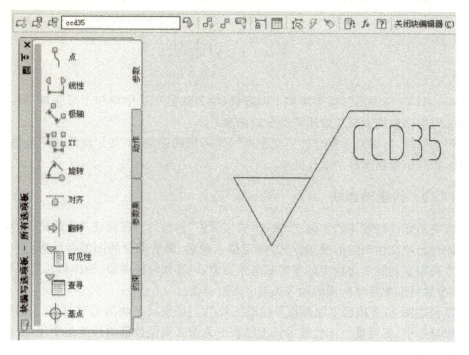

图 10-13 块编辑工作界面

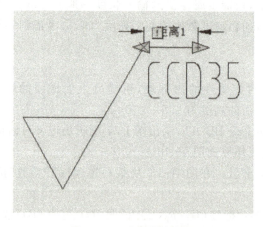

图 10-14 设置线性参数

增量(I):拉伸的增量值。

可根据插入块后的需要选择,本例因需随机匹配粗糙度属性的长度,故采用的是"无"。此项设置也可在选中"距离"参数后,在对象特性选项板中完成。

(4)设置与参数关联的动作。在图 10-12"块编写选项板""动作"选项卡中,选择"拉伸"后命令栏提示:

选择参数:选中图 10-14 中的距离标签

指定要与动作关联的参数点或输入[起点(T)/第二点(S)]〈起点〉:拾取横线右边的

端点
　　指定拉伸框架的第一个角点或[圈交(CP)]:用光标选择端点右上方一点
　　指定对角点:确定左下方一点
　　指定要拉伸的对象
　　选择对象:用窗交的方式选择横线右边的端点。
　(5)保存块,并关闭块编辑器。

10.7.2　动态块的使用

动态块的插入方式与块相同,插入后,选中块时,除了块本身原来的夹点以外,在编辑点上还会出现添加设置参数的夹点,设置参数不同,夹点的形状亦不同,常用的"线性"参数的夹点是一个三角形,单击编辑点的夹点,使其成为热点,拖动光标即可随机改变粗糙度符号横线的长短,匹配下方输入数值的长度,见图 10-15 动态块的使用。

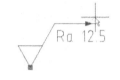

图 10-15　动态块的使用

10.8　复习问答题

1. 什么是块？有何作用？按其存储的方式分,块有几类？
2. 内部块、外部块有何区别？
3. 如何创建内部块和外部块？创建块的过程中应注意什么问题？
4. 什么是块的属性？如何创建块的属性？
5. 试述创建带属性块的步骤？
6. 插入块有几种方式？
7. 如何编辑块？有何特点？
8. 如何编辑块的属性？
9. 如何删除没有使用的内部块？
10. 试述创建动态块的步骤。

10.9　练习题

1. 分别创建粗糙度基本图形及带属性粗糙度的内、外部块,体验使用时的差异。
2. 根据自己所学专业的需要,用块创建相应的图形或符号库。
3. 用 A4 图幅,以 2∶1 绘图比例,绘制图 10-16。

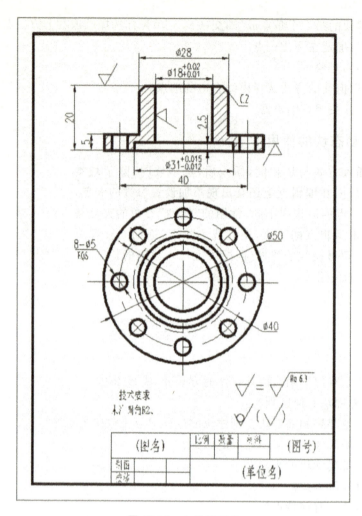

图 10-16 上机练习 3

第 11 章 创建样板图、工具栏及菜单栏

学习目标 熟悉并掌握创建样板图、工具栏及菜单栏的方法,能根据不同专业或用户的要求,创建符合用户要求的样板图、工具栏及菜单栏,提高设计绘图的效率。

学习重点 创建样板图、工具栏及菜单栏的方法及步骤。

学习难点 弹出式工具栏的创建。

11.1 创建样板图

从前面的学习过程中,我们知道:用 AutoCAD 绘图前,我们要根据绘图的实际情况,按照国家标准或行业标准,进行许多相应的设置,如绘图环境、文字样式、尺寸样式、多重引线样式及多线样式等等,还要绘制图纸边框及标题栏,省去这些环节的最佳途径:使用根据用户设计绘图需要所创建的样板图。

样板图是以扩展名为 dwt 的 AutoCAD 模板文件,你可以将绘图中需要的所有设置都包含进去,还可包含绘制图形用到的图框、标题栏及各种图形或标注符号块。设计绘图时,直接使用所需的样板图开始绘图,从而节省了绘图前的各项设置及画图框及标题栏的绘图环节,有效地提高绘图效率。

11.1.1 创建样板图步骤

工程设计绘图时,应根据用户设计绘图的需要,确定创建样板图中所需包含的内容。创建样板图的一般步骤为:

(1)以打开 AutoCAD 时的确省图样或以图形样板对话框中的 acadiso.dwt 为基础,创建样板图。

(2)设置绘图环境

以用户的要求为依据,按国家或行业标准,按第二章所述方法,分别设置绘图单位及精度、图形界限、图层、线型、线宽及颜色等。

(3)设置文字及表格样式

按第七章所述方法,分别设置标注汉字、标注尺寸的文字样式及绘制图形时所需的表格样式。如果用户有特定要求,可根据其要求设置相应的文字样式。

(4)设置尺寸样式

按第八章所述方法,设置主尺寸样式及子尺寸,还可设置线性直径标注样式。

(5)其他设置

根据用户的情况确定是否需要创建图形及标注符号的内部块,是否设置多重引线样式及多线样式等。

(6)如果设计绘图时,是按照一定的比例将图形绘制在图幅框中,则可按图幅边框的大小绘出相应图幅的图框和标题栏。

(7)在 AutoCAD 菜单栏中进行如下操作:

①文件/另存为,调出"图形另存为"对话框,如图 11-1 所示。

图 11-1　图形另存为对话框

②在"文件类型"中,选"AutoCAD 图形样板(＊.dwt),在"文件名"框中以图幅的大小或其他特征命名,然后单击"保存"按钮。

创建的样板图将保存在 AutoCAD 的 Template 文件夹中。

11.1.2　使用样板图

(1)在打开 AutoCAD 时没有启动对话框,且打开是缺省图形的 AutoCAD 的版本中,可通过相应的设置,使启动 AutoCAD 后,默认打开的图形是所需的样板图,具体操作过程:

在菜单栏中选择操作:工具/选项,调出图 11-2 选项对话框。

在对话框"文件"项中,展开"样板设置"及"快速新建默认样板文件名",双击"快速新建默认样板文件名"选项下的"无"或单击对话框右上方的"浏览"按钮,调出"选择文件"对话框图 11-3,在对话框中选择所需打开的样板图。以后每次启动 AutoCAD 时,打开的图形便是所选择的图形样板文件。

第 11 章　创建样板图、工具栏及菜单栏

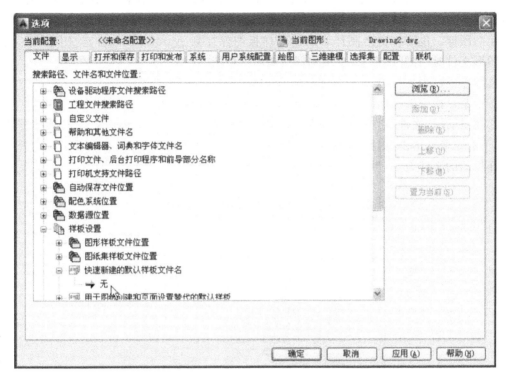

图 11-2　选项"文件"选项卡对话框

图 11-3　选择文件对话框

（2）在打开 AutoCAD 时没有启动对话框的 AutoCAD 的版本中，默认打开的是缺省图形，此时可执行菜单"新建"操作，调出 AutoCAD 默认的"选择样板"对话框，选择所需的样板图绘制图样。也可将自己制作好的一套样板图保存到 AutoCAD 的自定义目录下，每次新建图形文件时，打开该目录，从中选择所需的样板图。

具体操作过程为：

①在菜单栏中选择操作：工具/选项，调出图 11-2 选项对话框。

②在对话框"文件"项中，展开"样板设置"及"样板图形文件位置"，双击"样板图形文件位置"下的路径或单击"浏览"按钮，调出"浏览文件夹"对话框图 11-4，在对话框中选择所需打开样板图的文件夹。

图 11-4　浏览文件夹对话

（3）在打开 AutoCAD 时有启动对话框的，选择"使用样板"，在出现的样板图对话框中，选择所需的样板图文件即可。

11.2　创建工具栏

工具栏是快速执行 AutoCAD 命令的一种方式，尽管 AutoCAD 提供了多种工具栏，但还是不能满足各个专业绘图的需求。用户往往通过定制或创建适合自己专业及绘图习惯的工具栏来提高绘图效率。而 AutoCAD 则提供了非常方便的定制及创建功能。你可以利用已有的命令定制符合自己绘图习惯的工具栏，也可根据用户绘图的需要创建新的工具栏，还可定制或创建新的弹出式工具栏。定制及创建的过程并不复杂，下面分别阐述这三种定制和创建工具栏的方法。

11.2.1 利用 AutoCAD 系统已有命令定制工具栏

利用 AutoCAD 系统已有命令定制工具栏,其中包含两种操作:一是用系统已有命令按自己的绘图习惯,重新定制一个新的工具;二是用系统已有的命令,对现有工具栏进行添加或删除命令图标的编辑操作。

利用系统已有命令定制新的工具栏,现以定制名为"MY"包含绘图命令直线,编辑修改命令阵列、圆角、修剪的工具栏说明定制过程:

(1)在任意工具栏上右击,调出快捷菜单,选择自定义,调出图 11-5"自定义用户界面"。

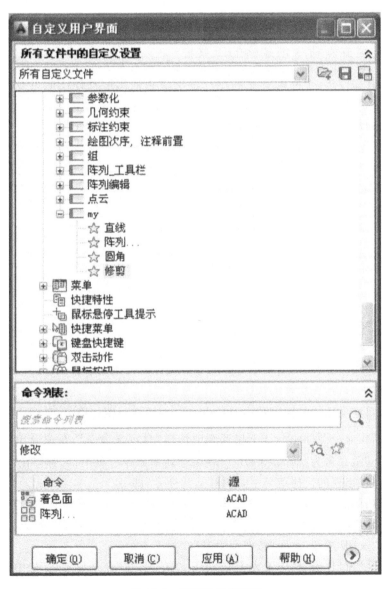

图 11-5 自定义用户界面

(2)展开"所有文件的自定义设置"后,再展开工具栏。

(3)工具栏上右击,在出现的快捷菜单中,选择"新建工具栏",命名为"MY"。

(4)在下方命令列表中,分别选择命令类型为"绘图"和"修改",在绘图命令中将直线命令图标,在修改命令中将阵列、圆角及修剪命令图标分别拖至新建工具栏 MY 的右方或下方。

(5)单击"确定"图标。

定制的"MY"工具栏如图 11-6 所示。

图 11-6 MY 工具栏

对现有工具栏进行添加或删除命令图标的操作与之类似,区别在步骤 3 中,选中所要编辑修改的工具栏,需删除命令图标,则在该图标上右击,在出现的快捷菜单中,选择"删除";需增加命令图标,则在下方命令列表中,选中所需命令图标,拖至该工具栏需要处放置即可。

11.2.2 建立新命令创建新的工具栏

在工程设计绘图中,不同的专业和用户常用绘制的图形及标注的符号亦有所不同,在 AutoCAD 中可根据用户需要,建立相应的命令,创建新的工具栏。

现已较为通用的创建粗糙度(表面结构符号)工具栏讲解其创建过程:

(1)按第十章所述方式,创建图 11-7 所示的粗糙度图形符号外部块,其中(a)至(d)为粗糙度的基本图形符号,(e)为带属性的粗糙度符号,分别命名为 CCD1、CCD2、CCD3、CCD4、CCDSX 并存入安装 AutoCAD 操作系统分区的 Autodesk\AutoCAD××××\support 文件夹中。

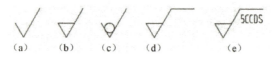

图 11-7 粗糙度图形符号

(2)在任意工具栏上右击,调出快捷菜单,选择自定义选项,调出图 11-5"自定义用户界面"。

(3)"自定义用户界面"对话框中,展开"所有文件的自定义设置"及展开工具栏。

(4)工具栏上右击,在出现的快捷菜单中,选择"新建工具栏"并,命名为"粗糙度"。

(5)展开"自定义用户界面"(单击对话框右下方的展开图标),见图 11-8,在下方命令列表中,单击新建命令图标 ,在下拉列表中选择"自定义命令",在命令窗口中出现"命令一",将"命令一"重命名为"插入 CCD1"。在后续新建命令过程中,可直接在"自定义命令"窗口空白处右击,在出现的快捷菜单中,选择"新建命令"即可。

(6)在"按钮图像"窗口,任选一按钮图像,单击"编辑"按钮,调出图 11-9"按钮编辑器"工作界面,用"清除"按钮、绘图工具,绘出 CCD1 的图像,单击保存"按钮",命名图像名称为"CCD1",单击"关闭"按钮,关闭"按钮编辑器"。

(7)在"特性"窗口"宏"栏中输入^C^C_insert CCD1,在"命令显示名"栏中输入"插入粗糙度的基本符号",在"说明"栏注写相关信息,这些信息会在光标移动到工具栏该图标上时予以显示。

第 11 章 创建样板图、工具栏及菜单栏

图 11-8 创建粗糙度工具栏自定义用户界面

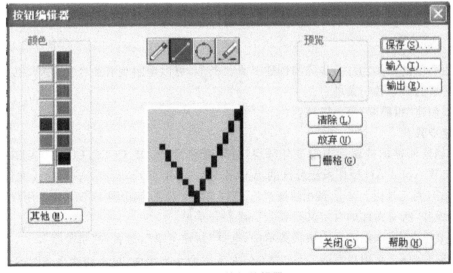

图 11-9 按钮编辑器

(8)在命令列表中选择"自定义命令",把自定义命令"插入CCD1",拖到粗糙度工具栏的右方或下方。

(9)按上述方式依次操作,新建余下的插入CCD2、插入CCD3、插入CCD4及插入CCDSX四个命令,拖到粗糙度工具栏的右方或下方。

图 11-10　粗糙度工具栏

(10)单击"确定"按钮。新建的"粗糙度"工具栏如图 11-10 所示。

11.2.3　创建弹出式工具栏

粗糙度标注是零件图绘制标注时重要的组成部分。现以在 AutoCAD 标注工具栏中,创建一个如图 11-11 中光标所指的粗糙度弹出式工具栏为例讲解其创建步骤:

(1)执行创建粗糙度工具栏中的 1、2、3 步骤。

(2)展开"标注"工具栏,"标注"工具栏上右击,在出现的快捷菜单中选择"新建弹出",并给创建的弹出式图标命名为"粗糙度"。

(3)执行创建粗糙度工具栏中的 5、6、7 步骤。

(4)在命令列表中选择"自定义命令",将自定义的命令"插入CCD1"至"插入CCDSX"逐一拖至新建的粗糙度弹出图标的右方或下方。

(5)单击"确定"按钮。

图 11-11　标注工具栏中的粗糙度弹出式工具栏

11.3　创建菜单

创建菜单的种类、方式、步骤与创建工具栏类似,可以定制现有命令的菜单,也可建立新命令创建新的菜单和子菜单。

现以创建"粗糙度"菜单讲解:

创建步骤:

(1)创建所需的带属性粗糙度外部块,分别命名为 CCD1、CCD2、CCD3、CCD4、CCDSX 并存入安装 AutoCAD 操作系统分区的 Autodesk\AutoCAD××××\support 文件夹中。

(2)在任意工具栏上右击,调出快捷菜单,选择自定义选项,调出图 11-5"自定义用户界面"。

(3)展开"所有文件的自定义设置"后,再展开菜单。

(4)菜单上右击,在出现的快捷菜单中,选择"新建菜单",命名为"粗糙度"。

(5)展开"自定义用户界面",见图 11-6,在下方命令列表中,单击新建命令图标,在列表中选择"自定义命令",在命令窗口中出现"命令一",将"命令一"重命名为"插入 CCD1"。

(6)在按钮图像窗口,任选一按钮图像,单击"编辑"按钮,调出图 11-9"按钮编辑器"工作界面,用擦除及直线工具,绘出 CCD1 的图像,单击保存"按钮",命名图像名称为"CCD1",单击"确定"按钮,关闭"按钮编辑器"。

(7)在"特性"窗口"宏"栏中输入^C^C_insert CCD1,在"命令显示名"栏中输入"插入粗糙度的基本符号"。

(8)把自定义命令"插入 CCD1",拖到粗糙度菜单的右方或下方。

(9)按上述方式依次操作,新建余下的 CCD2、CCD3、CCD4 及 CCDSX 四个命令,然后将其逐一拖动到粗糙度菜单的右方或下方。

(10)单击"确定"按钮,关闭"自定义用户界面"对话框。

新建的"粗糙度"菜单如图 11-12 所示。

图 11-12 粗糙度菜单

子菜单的创建过程类似于弹出式工具栏的创建过程,这里不再重复累述。

11.4 复习问答题

1.试述一般情况下,创建样板图步骤?
2.在 AutoCAD 不同的版本中,如何使用样板图?
3.试述在"自定义用户界面"对话框中,创建新命令的过程。
4.试述创建弹出式工具栏的步骤。
5.试述创建新菜单的步骤。

11.5 练习题

1.根据本专业的要求,创建 A4 样板图,并将其设置为打开 AutoCAD 时显示的图形。
2.根据本专业的图形符号特点,创建一个(或粗糙度)工具栏,在"标注"工具栏中创建一个相应的弹出式工具栏。
3.根据本专业绘图标注的需要,在"标注"菜单中,创建一个标注符号(或粗糙度)的子菜单。

第 12 章 定制工具选项板及线型

学习目标 掌握定制工具选项板选项的方法,能根据不同专业及用户的情况,定制相应的工具选项板选项,提高设计和绘图的效率。了解线型定制的基本方法。
学习重点 定制工具选项板选项的方法及步骤。
学习难点 带字符线型的定制。

12.1 定制工具选项板

工具选项板是 AutoCAD2004 版开始增加的功能。它将一些常用到的图块、图案及符号集合在一起,绘图需要时,将其插入到当前图形中,提高了工程绘图的效率。

12.1.1 工具选项板选项的定制与删除

打开工具选项板的命令为:TOOLPALETTES,通过单击标准工具栏中的"工具选项板窗口"图标 ,选择菜单"工具/选项板/工具选项板",可调出或关闭工具选项板。

1. 定制工具选项板

工具选项板选项的定制方式一般有两种,现以定制粗糙度工具板选项为例来讲解其步骤。

第一种定制方式的操作过程:
(1)创建需要标注的粗糙度外部块,并存入名为"粗糙度"的文件夹中。
(2)在工具选项板标题栏上或工具选项板的空白区域右击,在出现的快捷菜单中选"新建选项板",命名"粗糙度"。见图 12-1、图 12-2。
(3)单击标准工具栏中"设计中心"图标,打开设计中心,在设计中心里打开粗糙度文件夹,见图 12-3,将文件夹中的粗糙度外部块逐一拖入到新建的粗糙度选项板中。定制后的粗糙度选项板见图 12-2。

第二种定制方式的操作过程:
(1)创建粗糙度的外部块,并存入名为"粗糙度"的文件夹中。
(2)单击标准工具栏中"设计中心"图标,打开设计中心,在粗糙度文件夹上右击,在出现的快捷菜单中选择"创建块的工具选项板",见图 12-3 中的快捷菜单,可直接在工具选项板中,创建以文件夹为名、包含"粗糙度"文件夹中所有图形的工具选项板选项。

第 12 章 定制工具选项板及线型

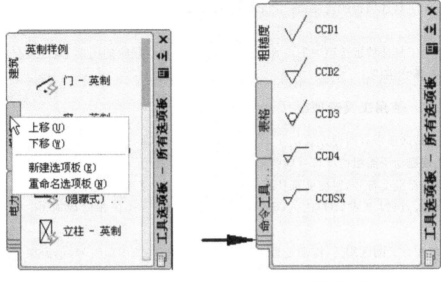

图 12-1 新建选项板　　　　图 12-2 粗糙度选项板

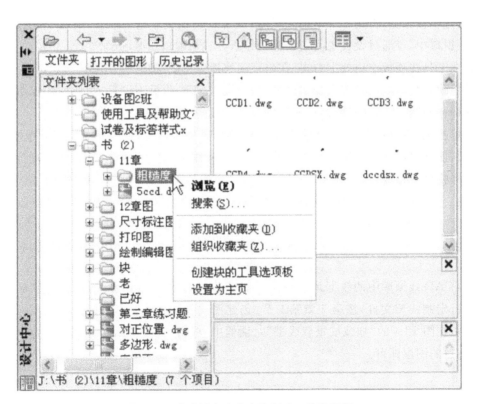

图 12-3 在设计中心中直接创建工具选项板

2. 删除工具选项板选项或内容

(1)删除工具选项板的选项：选中该选项，在标题上右击，在出现的快捷菜单中选择"删除"。

(2)删除工具选项板选项中的内容：选中该选项板，在要删除的图形上右击，在出现的快捷菜单中选择"删除"。

12.1.2　使用工具选项板

使用工具选项板有两种方式：

(1)直接拖动所需粗糙度符号到图形中。

(2)单击粗糙度符号，粗糙度符号的插入基点随光标的移动，命令栏提示：

指定插入点或[基点(B)/比例(S)/X/Y/Z/旋转(R)]：选择相关选项，插入到图形所需处。

两种使用方式的区别是：拖动是直接使用工具选项板中的图形符号，单击操作方式可在命令栏选择插入块时的相关操作，如旋转、缩放等。

12.1.3　工具选项板显示方式的设置

工具选项板较宽，占用了屏幕绘图区域，或工具选项板中选项较多，所需选项没有显示在选项板窗口中，可通过设置工具选项板的显示方式来解决这些问题。

(1)在工具选项板空白处上右击，在出现的快捷菜单中选择"自动隐藏"或"透明"显示方式，自动隐藏是只显示工具选项板的题头，透明是工具选项板不可见，需要使用工具选项板时，把光标移至题头或透明处，即可显示工具选项板的所有内容。

(2)单击工具选项板左下方堆叠处，见图12-2箭头所指处，调出快捷菜单，勾选所需工具板选项，使其显示在当前选项板窗口中；显示后可在其选项标题上右击，在出现的快捷菜单中，选择将其上移或下移，见图12-1。

12.2　定制线型

AutoCAD线型库中的线型足以满足一般工程设计绘图的需要，如需要特殊的线型绘图，可自行定制线型文件，按第2章第2节"创建图层及设置线型"所述方法，建立一个该线型的图层，在图12-4的"加载或重载线型"对话框中，单击"文件"按钮，加载自己定制的线型文件到新建的图层即可。

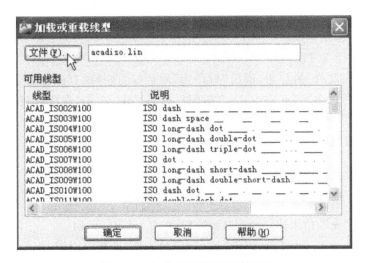

图 12-4　加载或重载线型对话框

12.2.1　线型定制的方法

用记事本写下语句,保存为扩展名为 *.lin 的线型文件,用时加载。

12.2.2　线型定义语句的格式

在线型定义文件中,用两行文字定义一种线型。第一行包括线型名称及描述,第二行是定义线型图案的代码:

　*线型名称,线型描述

　A,一个完整循环的线型图案代码

在第一行中,线型名称必须以"*"开头,这个名称将会显示在"加载或重载线型"对话框中,然后以一个逗号作为分隔符,后面是线型的描述,线型描述可使用户在加载线型时,直观地了解定制线型的形状。

第二行必须以 A 字母开头,A 是对齐方式,AutoCAD 仅支持 A 类对齐,A 类对齐至少应有两种划线规格;以逗号作为分隔符,其后是一个完整循环的线型图案代码,所谓完整是指线型图案代码一个不多,一个不少。

图案代码的含义或格式:

正数:线段长度,即落笔画线长度数值。

负数:空格长度,提笔(空格)长度数值。

0:点。

字符格式:["字符",文字样式,字高 S,旋转 R,X 偏移,Y 偏移]

如字符格式中未指定文字样式,则 AutoCAD 自动使用当前的文字样式。

12.2.3　实例

例 1　定制双点划线。

定制步骤:

(1)打开记事本,输入:

*双点划线,双点画线—— — —

A,10,-1,1,-1,1,-1

(2)执行操作:文件/另存为,调出"另存为"对话框,选择保存路径后,保存类型栏选"所有文件",文件名栏命名"双点划线.lin",编码栏选 ANSI。单击"保存"按钮。

(3)调出"图层特性管理器"对话框,建立"双点画线"图层,加载定制的双点画线线型。

例 2　定制星线

定制步骤:

(1)打开记事本,输入:

*星线,星线——★——

A,15,-6,["★",仿宋体,S=8,R=0,X=0,Y=-4],-14

(2)执行操作:文件/另存为,调出"另存为"对话框,选择保存路径后,保存类型栏选"所有文件",文件名栏命名"星线.lin",编码栏选 ANSI。单击"保存"按钮。

(3)调出"图层特性管理器"对话框,建立"星线"图层,加载定制的星线线型。

在定制星线的过程中应注意:

(1)为使星号在高度方向居中,字高为 8,故 Y 偏移选-4;

(2)字符线型的定制中,字符要占一定的空格长度,故字符前的空格长度与字符后的空格长度不一致,字符后的空格长度应加上字符在线型中所占用的相应宽度。本例中,为使星字符线型左右对称,字符前的空格长度是 6,故字符后的空格长度约为:6+8=14。

用定制的双点画线及星线绘制的图线见图 12-5。

图 12-5　双点画线及星线

在定制线型的过程中,应注意以下几个问题:

(1)在记事本定义线型的语句中,标点符号必须在英文状态下输入。

(2)保存线型语句时,在文件名后务必加上.lin 的扩展名,使之成为线型文件。

(3)有字符格式要求的线型,必须有与之对应的文本样式,话句话说,所设的文字样式名称与定制线型中的样式名称是一致的。

12.3　复习问答题

1.如何调出或关闭工具选项板?

2.创建新的工具选项板选项,一般有几种方法?如何删除工具选项板中的选项或选项中的某些内容?

3. 如何使用工具选项板?

4. 工具选项板的显示方式有哪几种? 如何调整各选项在工具选项板中的显示位置?

5. 线型定义的方法?

6. 线型文件语句的格式?

7. 线型文件中,正数、负数、零各代表什么? 字符代码的格式?

8. 线型文件定制的过程中中,应注意哪些问题?

12.4 练习题

1. 创建自己所学专业绘图时常用到的一个工具选项板选项。

2. 在工具选项板中,创建粗糙度选项。

3. 定制三点画线,并建立相应的图层。

4. 定制带自己名字的线型,并建立相应的图层。

第 13 章　工程绘图实例及练习

学习目标　综合运用所学知识及绘图技能，正确、快速地绘制工程图样。
学习重点　分析图形，确定合理的绘图辅助方式及绘制方式。
学习难点　绘图命令技巧及绘图辅助工具的综合应用。

用 AutoCAD 绘制工程图样通常有两种方式：一是与手工绘图类似，以一定的绘图比例将实物绘制在所选的图幅中，输出图形时以 1：1 的比例或选择"布满图纸"的方式；二是以 1：1 的比例绘图，最后通过布局或选择打印比例，将图形输出在选定大小的图幅中。前者绘图前需根据机件及图幅大小选定绘图比例，后者是在布局及输出图样时，根据绘制图样及输出图幅的大小选定图样输出比例。需要注意的是：采用后者绘制工程图样时，文字标注、尺寸标注及插入的块图形必须用"注释性"样式。

13.1　工程绘图实例

例：以 A3 图幅，1：2 的比例，绘制图 13-1 牵引钩支撑座零件图。
绘图步骤：
1.绘图前的准备工作
(1)创建粗糙度（表面结构符号）的块。
(2)创建或调用 A3 样板图（样板图应包含绘图环境设置、文字样式设置、尺寸样式设置、多重引线中的倒角样式设置）。
由于设置样板图时以 1：1 设置的比例因子，故需将尺寸样式中"主单位"项中的比例因子改为 2。还需根据图形标注需要，设置正负公差 0.05 及极限偏差＋0.066、＋0.012 的尺寸样式，在设置极限偏差＋0.066、＋0.012 的尺寸样式时，在"主单位"项"精度"栏中，选择保留 3 位小数，"前缀"栏中输入％％C。如果在标注尺寸公差时，采用"M"选项，手动多行文字输入公差，则无需设置尺寸公差样式。
(3)设置并开启端点、交点的自动对象捕捉。
2.绘图
因采用 1：2 的比例绘图，绘制时所有尺寸数值缩小一倍。
(1)布置图幅，定位图形。
开启"正交"模式，在点画线图层，画出点画线 A 和 B，通过偏移命令，偏移距离 28 分别画出点画线 C、D，偏移距离 54，画出点画线 E、F；对主视图的矩形及四个直径为 20 的圆图形进行定位。见图 13-2。

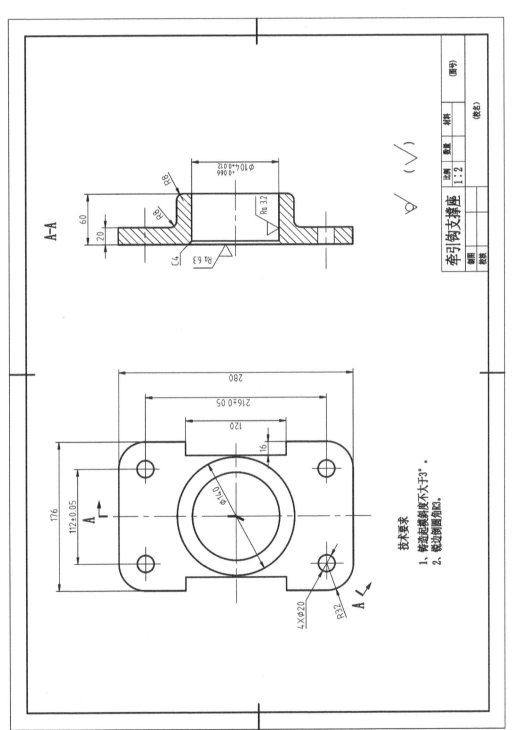

图13-1 牵引钩支撑座零件图

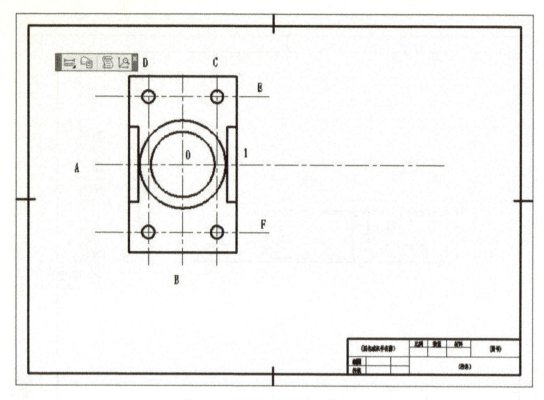

图 13-2　绘制主视图的主要轮廓线

(2)绘制主视图

绘制矩形:切换到粗实线图层,调出"查询"工具栏,单击"定位点"图标,单击 O 点,取得其坐标,单击绘图工具栏"矩形"图标,在提示"指定第一个角点"时,在命令栏输入:@-44,-70 回车确定矩形的左下角点,在提示"指定另一个角点"时,在命令栏输入:@88,140 回车,画出 88×140 的矩形。

绘制圆:单击绘图工具栏"圆"图标,在主视图上以点画线交点 O 为圆心,分别绘制直径为 52 及 70 的圆;在四角点画线的交点,分别绘制直径为 10 的圆;绘制一个圆后,其余三个用基点复制的方式绘制。

绘制矩形两边切去部分:单击"查询"工具栏"定位点"图标,单击图 3-2 中的 1 点取得该点坐标,单击绘图工具栏"直线"图标,在提示"指定第一点"时输入:@0,30,确定矩形中间切去部分上方的点;在提示"指定下一点"时,将光标水平向左拖动后输入 8 回车,将光标垂直向下拖动,输入 60 回车,将光标水平向右拖动,输入 8 回车,完成矩形右方切去部分图线的绘制;用镜像命令将所画图形镜像到矩形左边。绘制的图形见图 13-2。

(3)绘制左视图。

画图分析:由于图形对称及有倒角(倒角会去掉倒角另一边的图线),故可画上半部分图形,然后用镜像命令,画出整体外形。绘制时,可用对象捕捉追踪、直接距离输入快速定位并绘图。

相关设置:采用极轴追踪的默认设置(增量角90°,正交追踪)并开启,开启端点和交点的自动对象捕捉,开启对象捕捉追踪。

画左视图的外形轮廓:在粗实线图层,单击绘图工具栏"直线"命令图标,在提示"指定第一点"时,将光标移至主视图1点上停留片刻,向右水平移动光标,拉出追踪线,输入90回车,确定左视图上的5点(主、左视图轮廓线间隔90);通过追踪2点及5点定位7点:将光标放在2点上停留片刻,水平向右拉出追踪线,将光标放在5点上停留片刻,垂直向上拉出追踪线,两追踪线的交点即为7点;向右水平拖动光标,输入10,确定8点;将光标移至主视图4点上停留片刻,向右水平移动光标,拉出追踪线,再将光标移至左视图8点上停留片刻,向下垂直拖动光标,拉出追踪线,两追踪线的交点即为9点;向右水平拖动光标输入20回车,画出10点;向下拖动光标,输入35回车,画出11点;通过追踪3点和7点,确定6点,向右拖动光标,输入30回车画出G线;完成左视图上半部主要轮廓线的绘制。见图13-3。用镜像命令将所画左视图上半部分主要轮廓线以点画线A为镜像线镜像到下方。

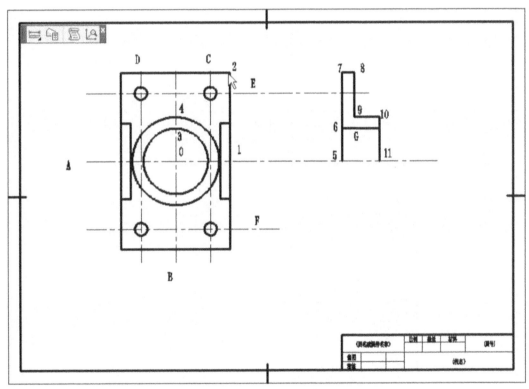

图 13-3　绘制左视图上半部分

画倒角:单击修改工具栏倒角图标,设置两边的倒角距离均为2,选择"M"选项,进行两次倒角操作,见图13-4;倒角后,会去掉中间的图线,连接倒角去掉的轮廓线和倒角后产生的可见轮廓线。

画小孔的转向轮廓线:通过追踪主视图中的13点、左视图中的5点,确定左视图上的14点,水平向右拖动光标,输入10回车,画出一根转向轮廓线,以点画线F为镜像线,镜像另一边的轮廓线。见图13-5。

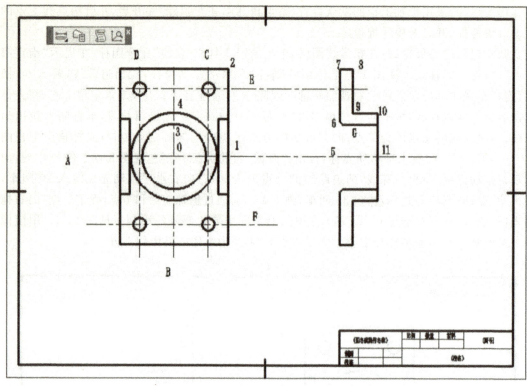

图 13-4 绘制倒角

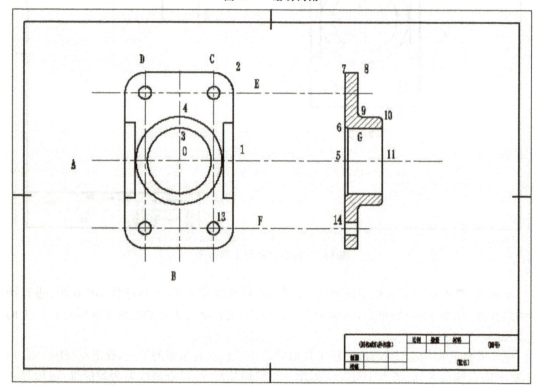

图 13-5 画剖面线

(4) 倒圆角

单击修改工具栏"倒圆角"图标,先后分别设置倒圆角半径 16、4,选择"M"选项多重倒圆角方式,对主视图和左视图分别进行倒圆角半径 16、倒圆角半径 4 的操作。

(5) 画剖面线

切换到细实线图层,单击绘图工具栏"图案填充"图标,选择"ANSI31"图案,对左视图进行填充。见图 13-5。

(6) 整理图形

单击修改工具栏"修剪"图标,修剪主视图矩形两边切掉后多余的图线;用打断、删除命令或夹点编辑拉伸操作,调节图中所有点画线的长短(超出可见轮廓线 2~5mm)。视图幅布置情况,用移动命令,调节视图在图框中的位置。

(7) 标注尺寸及粗糙度

画剖切符号:单击绘图工具栏"多段线"图标,通过设置线宽"W"的变化,绘出剖切符号及带箭头的剖切符号。

用多重引线的倒角标注样式标注 C4 倒角。

用±0.05 公差样式标注 112 及 216 孔定位尺寸;用极限偏差＋0.066＋0.012 样式标注直径为 104 的尺寸。

标注四个小圆时,选择用手动标注"T",在命令栏输入:4×%%C,标注 4×ϕ20 尺寸。通过插入块的方式标注粗糙度。其余尺寸用主尺寸样式,采用相应的标注命令标注即可。

(8) 注写技术要求和标题栏。

至此,完成图 13-1 牵引钩支撑座零件图的绘制。

13.2 工程绘图练习

(1) 用 A3 图幅,按 1:1 比例绘制图 13-6 所示主轴。图幅、边框、图形、线型及标注应符合国家标准;要求用块插入的方式标注表面结构符号(粗糙度)及形位公差的基准符号;标题栏可用简化格式绘制。

(2) 用 A3 图幅,按 1:2 比例绘制图 13-7 所示端盖。图幅、边框、图形、线型及标注应符合国家标准;要求用块插入的方式标注表面结构符号(粗糙度)及形位公差的基准符号;标题栏可用简化格式绘制。

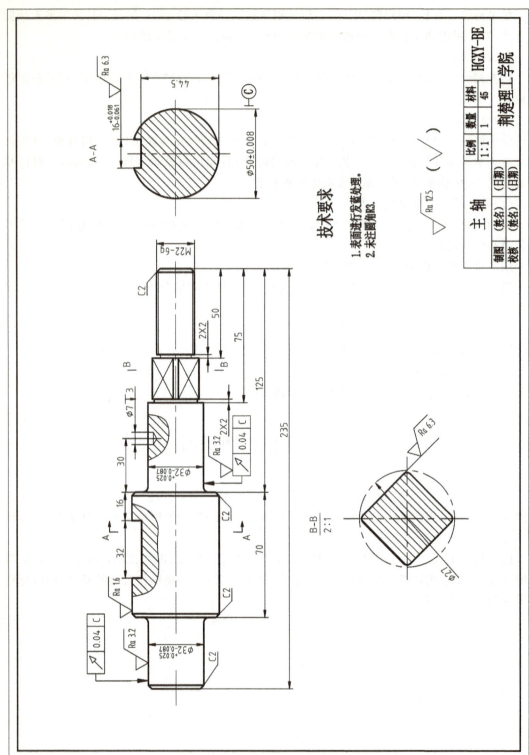

图13-6 主轴

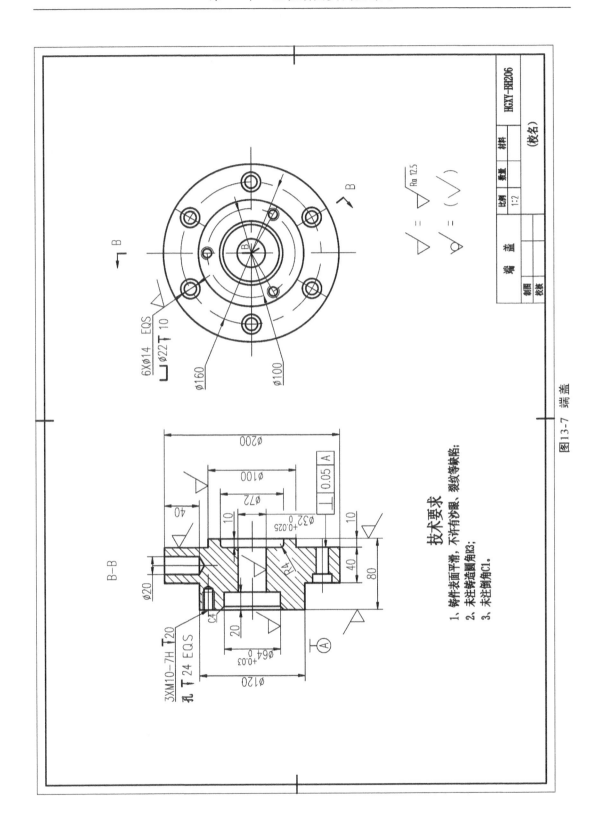

图13-7 端盖